强不确定环境下的
电力系统优化规划

张 宁 杜尔顺 李 晖 王智冬 卓振宇 康重庆 著

中国电力出版社

CHINA ELECTRIC POWER PRESS

内 容 提 要

当前电力系统面临着由多元化新要素带来不确定性加剧的形势，不确定性加剧将从根本上改变电力系统平衡源荷功率的方式，并对电力系统规划提出更多挑战。例如，中国的大型风电场通常远离负荷中心。大规模风电并网必然会给电力系统注入更多的不确定性。传统电力系统规划的"惯例"是采用电网规范中规定的确定性规划方法和标准。但是，随着电力系统的发展，例如，为了确保大规模可再生能源并网，传统的方法和标准可能不适用。人们已经探索了新的规划方法，但这些规划方法在世界各地各不相同。在不确定性加剧背景下做出投资决策是全球电力系统亟须解决的重大问题。它需要全面了解在不确定性加剧背景下执行投资决策的机制、方法和经验以及相关的政策和技术壁垒。从电力系统规划专家处收集世界各地的经验和见解有助于增进这一了解。因此，编写了《强不确定环境下的电力系统优化规划》一书。

全书共包括 7 章内容，分别为概述、世界电力系统组织结构与规划方式、电力系统规划的不确定性、电力系统不确定性规划方法、最佳实例和经验教训、实用规划软件介绍以及主要障碍和未来前景，本书可供从事电力规划、计划、调度、市场交易、营销（用电）等专业的技术人员和管理人员，也可供高等院校有关专业的教师、研究生和高年级本科生阅读参考。

图书在版编目（CIP）数据

强不确定环境下的电力系统优化规划 / 张宁等著. —北京：中国电力出版社，2021.6
ISBN 978-7-5198-5562-8

Ⅰ. ①强… Ⅱ. ①张… Ⅲ. ①电力系统规划 Ⅳ. ①TM715

中国版本图书馆 CIP 数据核字（2021）第 069102 号

出版发行：中国电力出版社
地　　址：北京市东城区北京站西街 19 号（邮政编码 100005）
网　　址：http://www.cepp.sgcc.com.cn
责任编辑：邓慧都（010-63412636）
责任校对：黄　蓓　马　宁
装帧设计：张俊霞
责任印制：石　雷

印　　刷：三河市万龙印装有限公司
版　　次：2021 年 6 月第一版
印　　次：2021 年 6 月北京第一次印刷
开　　本：710 毫米×1000 毫米　16 开本
印　　张：9
字　　数：129 千字
印　　数：0001—1000 册
定　　价：50.00 元

C1.39 工作组成员

姓名	国籍	姓名	国籍
康重庆（召集人）	中国	张宁（秘书）	中国
Christian Schaefer	澳大利亚	Herath Samarakoon	澳大利亚
Pierluigi Mancarella	澳大利亚	Carlos Lopes	巴西
Christopher Reali	加拿大	Wajiha Shoaib	加拿大
Alex Santander	智利	Florian Steinke	德国
Martin Braun	德国	Nicolaos Antonio Cutululis	丹麦
Séverine Laurent	法国	Victor Levi	英国
Garreth Freeman	英国	Noel Cunniffe	爱尔兰
Joe MacEnri	爱尔兰	Brendan Kelly	爱尔兰
Pouria Maghouli	伊朗	Livio Giorgi	意大利
Shinichiro Tsuru	日本	Ciprian Diaconu	罗马尼亚
Virginica Zaharia	罗马尼亚	Somphop Asadamongkol	泰国
Amin Khodaei	美国	Xingpeng Li	美国
Gaikwad Anish	美国	Caswell Ndlhovu	南非

执 行 摘 要

传统电力系统规划的"惯例"是采用确定性方法和固定准则，而这些方法和准则在全球范围内是类似的。但目前，无论是从技术层面还是组织结构层面来看，世界各地的电力行业都在经历一场颇具影响的变革。在供应侧，各国均为未来电力系统的可再生能源渗透率设定了雄心勃勃的目标。可再生能源出力的不确定性和间歇性使得实时功率平衡变得更为复杂，这给电力系统规划带来了重大挑战。在需求侧，多能源系统的集成使未来电力系统的发展道路更加多样，运输、供暖和制冷的电气化给负荷带来极大的不确定性。与此同时，输电技术和电网设备的快速发展给未来电力系统的形态带来了无限的可能性和不确定性。世界范围内的电力改革和市场化趋势也给电力系统带来了政策和组织结构上的不确定性。与电力系统的"硬件"和"软件"相关的不确定性要求我们采用新方法和新机制对电力系统进行规划优化。

本报告调研并探讨了世界各地电力系统中存在的不确定性因素，以及在进行系统规划时如何考虑这些因素。对于不确定性加剧背景下的电力系统优化规划方法，本报告调研与研究的具体内容包括以下 3 点。

（1）收集各大洲国家当前电网规划分析中考虑的不确定性因素和采用的方法，包括发电侧和需求侧以及输电网层面的不确定性。还应涵盖相关数据和概述不确定性的影响，以确定不确定性给电力系统带来的挑战。

（2）总结在不确定性加剧背景下进行电网规划获得的经验教训。从电网公司或独立系统运营商处了解在不确定性加剧背景下进行电力系统规划采用的机制、方法和标准。

（3）介绍全球范围内在不确定性加剧背景下进行电力系统规划的最佳实践经验。认识在不同市场机制下使用的关键电网规划理论和技术。了解全球不同的电力系统在不确定性环境下采用的不同电网规划方法。

2017 年第 2 季度本工作组在都柏林召开了第一次工作组会议，会议确定了整个小组的成员。C1.39 工作组共有来自 17 个国家的 28 名成员，共同调查全球电力系统规划现状，收集在不确定性环境下进行电力系统规划的宝贵经验。调查问卷初稿于 2017 年第 4 季度设计完成，此后，又有两名专家加入工作组。经过所有 28 名成员的讨论，对问卷内容进行了多次改进，最终分发了调查问卷（见附录 A）。调查问卷包括以下 4 个部分。

（1）"各国电力系统规划的背景"：这一部分调查了各成员所在国电力行业的管理结构和市场化程度。可以借此了解各个国家的电力系统概况。

（2）"了解电力系统规划中的不确定性"：这一部分调查电力系统中存在的不确定性因素，以及如何考虑这些因素并将其与规划模型和求解方法相结合。

（3）"解决电力系统规划中不确定性的方法"：这一部分介绍规划人员在进行输电网规划时如何面对不确定性挑战，并研究在进行输电网规划时采用随机方法与标准面临的主要难点。

（4）"最佳实践和经验教训"：本部分收集每个成员所在国关于不确定性电网规划的宝贵经验和实用工具。

完成资料收集后，本工作组对收集的资料进行了总结，并在本技术手册中对结果进行了分析。根据反馈内容，我们从中选取了一些有趣的实践经验和实用的规划工具进行了详细介绍。

由于不确定性环境下的规划是一个热门话题，涉及多方面内容，本工作组研究内容与其他三个 CIGRE 工作组的工作有所关联。下文的总结可以帮助读者理解这些工作组研究内容之间的差异。

（1）C1.29 联合工作组："输配电网大功率交换背景下的未来输电网规划标准"，强调了中压（MV）和低压（LV）输电网中分布式能源（DER）装机比例的提升对高压输电网（HV）规划的影响。该技术报告重点介绍了分布式能源给配电网或低压输电网带来的不确定性。C1.39 工作组重点研究的是电力系统规划中更一般化的不确定性因素，特别是输电网规划层面的不确定性。

（2）C1.15 工作组："输电投资决策驱动因素综述"，综述了输电投资决策背后的依据。该工作组重点研究技术规划标准在投资决策中的作用，以及确定投资驱动因素的发展趋势。C1.15 工作组也涉及了输电网规划的一些不确定因素，例如负荷需求增长和高比例可再生能源。但 C1.15 工作组更多从管理角度研究投资决策问题，而 C1.39 工作组则从优化角度应对不确定性，并且考虑了更多不确定性因素，例如技术改进和电力系统新要素。

（3）C1.22 工作组："变化和不确定环境中的投资决策"，主要关注的不确定性是间歇性可再生能源。但许多相关问题，例如容量市场、辅助服务等也在其研究范围之内。还提到了电源规划。C1.39 工作组则研究了更多的不确定因素，包括电力系统新要素、先进输电技术和环境问题。C1.39 工作组的关注重点是不确定性的建模方法、有意义的实际经验以及从输电网规划中获得的经验教训。

C1.39 工作组的主要调研结论如下。

（1）输电网规划中最常考虑的两个不确定因素是负荷和可再生能源增长。

（2）常用于不确定性的建模方法包括概率模型、多场景模型和不确定性集/区间。

（3）大多数成员国目前在输电网规划中或多或少采用基于场景的方法，因为基于场景的建模方法是考虑不确定性因素较为简单的方法。

（4）相当一部分成员认为基于场景/鲁棒/基于风险的组合方法是未来应对不确定性规划最合适的方法。

（5）将不确定性规划技术实际应用于输电网规划面临的障碍几乎存在于规划的每一个环节之中，包括数据收集、模型求解、制度和社会认知等问题。

目 录

第1章

概　述

当前电力系统面临着由多元化新要素带来不确定性加剧的形势，例如：

（1）世界各国为未来电力系统的可再生能源渗透率设定了雄心勃勃的目标。2019年全球新增可再生能源装机容量达到176GW，全球超过三分之一的发电容量源于可再生能源。全球非水可再生能源装机容量达到1344.61GW，其中风电和光伏发电容量占了绝大部分，分别为623GW和586GW。在爱尔兰，2019年投产的新风电场使爱尔兰的风电容量超过了4172MW，总可再生能源渗透率增至37%。全球可再生能源渗透率最高的国家是丹麦，2019年，丹麦的可再生能源渗透率超过70%，其中水电仅占0.057%。风力发电满足了56.7%（16.2TWh）的负荷需求。2019年，中国新增风电和光伏装机容量继续领跑各国，分别增加了23.76GW和30.11GW。风电和光伏发电装机容量分别占总发电容量的10.4%和10.1%。在中国甘肃、青海、新疆等多个省份，间歇性可再生能源的装机容量已超过了峰荷。高比例可再生能源的间歇性为源荷功率的实时平衡和电网潮流的控制带来了更大的挑战。

（2）世界范围内交通、供暖和制冷的电气化步伐已经加快。电气化是许多国家电力负荷需求增长的主要原因，推动了电力系统的持续升级。电动汽车和供暖/制冷的需求给电力系统负荷侧带来了更多的不确定性和不规律性。

（3）分布式能源、微电网、储能和智能电网的发展提高了电力系统的智能化程度。但与此同时，它们也为电力系统调度运行机构带来了更多可能无法控制的不可预测行为。

（4）世界范围内电力系统的市场化改革趋势不断凸显，尤其是在发展中国家。在电力系统中引入市场会影响不同发电机组的经济效益，改变电力系统的运行模式，进而给电力系统带来政策和结构上的不确定性。

不确定性加剧将从根本上改变电力系统平衡源荷功率的方式，并对电力系统规划提出更多挑战。例如，中国的大型风电场通常远离负荷中心，风电场通常被并入相对薄弱的区域电网中，大规模风电并网必然会给电力系统注入更多的不确定性。它的不确定性不仅会影响电网电压和频率的稳定性，还会改变电网的潮流分布。此外，不同的新能源发电商有多种并入电网的形式，包括不同电压等级下的集中式与分布式并入电网。所有这些挑战都对规划方法提出了不同的技术要求。

传统电力系统规划的"惯例"是采用电网规范中规定的确定性规划方法和标准。但是，随着电力系统的发展，例如，为了确保大规模可再生能源并网，传统的方法和标准可能不适用。人们已经探索了新的规划方法，但这些规划方法在世界各地各不相同。在不确定性加剧背景下做出最佳投资决策需要各方对挑战和新机制、新方法和新标准达成共识，特别是：① 了解短期和长期不确定性因素及其对电力系统的可靠性、经济性、稳定性和可持续性的影响，特别是为应对不确定性加剧背景下电力系统在结构和特性上的演变。② 在不确定性背景下被广泛接受和实用的规划方法，例如高比例可再生能源的电源规划、基于风险理论的输电网规划等。③ 有助于电力系统规划人员考虑未来电力系统不确定性的概率性规划准则，例如典型运行状态的选取、安全裕度和备用容量需求的确定。

在不确定性加剧背景下做出投资决策是全球电力系统亟须解决的重大问题。它需要全面了解在不确定性加剧背景下执行投资决策的机制、方法和经验以及相关的政策和技术壁垒。从电力系统规划专家处收集世界各地的经验和见解有助于增进这一了解。因此，CIGRE C1 研究委员会于 2017 年初批准了 C1.39 工作组进行"不确定性加剧背景下的电力系统优化规划"研究。由于 C1.29 工作组发布的技术报告中已经讨论了配电网的规划方法，C1.39 工作组将研究重点放在了考虑不确定性的输电网规划方法上，具体包括了源自发电侧和需求侧、输电层面和配电层面的不确定性。C1.39 工作组共有来自 17 个国家的 28

名电力系统规划专家，成员覆盖除南极洲以外的所有大洲。经过三年的通力合作，本报告汇总了这些专家对"在不确定性加剧背景下进行电力系统规划"这一课题的广泛知识和经验，还总结了世界各地电力系统规划的最佳实践和经验教训。

C1.39 工作组的主要调查与研究重点是：

（1）目前电网规划分析中考虑了哪些不确定因素？如何考虑不确定性的影响？

（2）确定未来电力系统需要解决的不确定性。

（3）确定在不确定性加剧背景下进行电力系统规划的关键电网规划理论和技术。

（4）收集整理全球范围内不同电力系统在不确定性加剧背景下进行电网规划的最佳实践和经验教训。

（5）电力系统规划软件。

（6）不确定性加剧背景下，电力系统规划中面临的主要难点是什么？

本报告其余章节内容如下：

第 2 章介绍了工作组的成员和每个成员所在国家的电力行业概况。第 3 章介绍了当前电力系统的不确定性因素以及不同国家如何解决这些不确定因素。第 4 章回顾了不确定性建模方式和在电力系统规划中考虑不确定性的数学方法。第 5 章和第 6 章分别介绍了考虑不确定性的工程规划实践经验和软件工具。第 7 章总结并展望了在不确定性加剧背景下进行未来系统规划的挑战。最后，对本技术报告进行了总结。

世界电力系统组织结构与规划方式

本章简要介绍了工作组成员所在国家的电力系统规划概况。第1节给出了工作组成员所在国家和一些术语定义。然后在第2节中介绍了各成员所在国家的输电网规划的规划方式及规划机构。考虑到可再生能源是不确定性加剧的主要原因之一，本章在最后介绍了各成员所在国家的可再生能源发展情况。

2.1 调 查 范 围

C1.39工作组的调查范围很广泛，调查结果也具有代表性——工作组共有28名成员，来自17个国家，覆盖除南极洲之外的世界各大洲。

C1.39工作组的成员包括输电系统运营商的一线工程师、大学或科研机构的高级学者以及顾问。工作组的组成结构可以保证对电力系统规划见解的公正性和专业性。成员的具体信息如表2-1所示。

表2-1　　　　　　　　C1.39工作组成员信息

姓名	职称	国家	所属机构
康重庆，召集人	教授	中国	清华大学
张宁，秘书	副教授	中国	清华大学
Christian Schaefer	电网规划经理	澳大利亚	澳大利亚电力市场运营机构

姓名	职称	国家	所属机构
Herath Samarakoon	高级规划工程师	澳大利亚	塔斯马尼亚电网有限公司（Tasmanian Networks Pty Ltd.）
Pierluigi Mancarella	教授	澳大利亚	墨尔本大学
Carlos Lopes	电气工程师	巴西	巴西国家电力公司（Eletrobras）
Christopher Reali	规划师	加拿大	独立电力系统运营商（加拿大安大略省的独立系统运营商）
Wajiha Shoaib	高级规划师	加拿大	独立电力系统运营商的输电网部门
Alex Santander	能源前景部主管	智利	智利能源部
Florian Steinke	教授	德国	达姆施塔特工业大学
Martin Braun	教授	德国	卡塞尔大学，弗劳恩霍夫风能和能源系统技术研究院
Nicolaos Antonio Cutululis	高级科学家	丹麦	丹麦技术大学风电系
Séverine Laurent	高级规划工程师	法国	法国输电网公司（RTE）
Victor Levi	高级讲师	英国	曼彻斯特大学
Garreth Freeman	高级工程师	英国	北威尔士地区规划设计院
Noel Cunniffe	高级首席工程师	爱尔兰	Eir Grid 公司
Joe MacEnri	首席顾问	爱尔兰	MEPS 咨询公司（MEPS Consulting Ltd.）
Brendan Kelly	欧洲客户解决方案经理	爱尔兰	Smart Wires 公司（Smart Wires Inc.）
Pouria Maghouli	助理教授	伊朗	沙希德大学
Livio Giorgi	电网规划顾问	意大利	意大利咨询公司（CESI）
Shinichiro Tsuru	经理	日本	九州电力株式会社
Ciprian Diaconu	总监	罗马尼亚	罗马尼亚输电和系统运营商 Transelectrica
Virginica Zaharia	方案总监	罗马尼亚	罗马尼亚输电和系统运营商 Transelectrica
Somphop Asadamongkol	工程师	泰国	泰国国家电力局（EGAT）
Amin Khodaei	副教授	美国	丹佛大学
Xingpeng Li	研究助理	美国	亚利桑那州立大学
Gaikwad Anish	项目经理	美国	美国电力研究院
Caswell Ndlhovu	战略电网规划首席工程师	南非	南非国家电力公司（Eskom）

上文列出的一些国家负责电力系统规划的机构可能不止一个。需要注意的是，这些成员提供的一些结果只能代表相应的州（省）或公司。例如，日本成员的结果只能说明日本九州地区的实际情况。在美国，不同的州情况不同。本报告共调查了美国四个具有代表性的区域电力系统，包括亚利桑那州的电力系统、西南电力联营公司（SPP）管理的电力系统、中西部输电网规划机构管理的电力系统和得克萨斯州得州电力可靠性委员会管理的电力系统。西南电力联营公司总部位于阿肯色州小岩城，受美国电力公司（AEP）管理。西南电力联营公司隶属美国中南部的东部互联系统，为堪萨斯州和俄克拉荷马州的全部地区以及新墨西哥州、克萨斯州、阿肯色州、路易斯安那州、密苏里州、密西西比州和内布拉斯加州的部分地区提供电力服务。中西部（Midwest）输电网规划机构提供的结果仅代表杜克能源公司（Duke Energy）负责的区域。

2.2 工作组成员所在国家电力 系统规划管理

2.2.1 电力系统组织结构类型

世界各地的电力系统采用各种不同的组织结构。电力行业的常见组织结构包括垂直一体化电力公司、输电系统运营商（TSO）和独立系统运营商（ISO）/输电网所有者（TO）。下文介绍了3种不同的组织结构。

（1）垂直一体化电力公司。垂直一体化电力公司是传统的电力行业模式。垂直一体化电力公司拥有发电厂、输电和配电网络，并垄断某一地理区域内的供电服务。随着电力市场的建立，可能会放开对发电侧和电网服务的管制。

（2）输电系统运营商（TSO）。TSO是指输电系统/服务运营商和业主（如果是单个实体）。输电系统运营商同时拥有和运营输电网。然而，与垂直一体化的公用事业公司不同，输电系统运营商不拥有任何发电厂或配电网。在电力业务中，输电系统运营商是通过电网将发电厂发出的电能输送给区域电网或地区配电网的运营商。由于拥有输电资产，输电系统运营商通过收取输电费用或在有共同市场的国家拍卖金融输电权获利。在一些发电商和电力用户不能直接交易的国家，输电系统运营商可以利用供需双方的价差获利。

（3）独立系统运营商（ISO）/输电网所有者（TO）。ISO 是指独立系统运营商。独立系统运营商通常是一个独立于供电或输电且不拥有供电或输电设施的机构，负责确保电力系统的安全和可靠运行。（请注意，该定义已在美国通过联邦能源管理委员会正式确定，但我们将在更广泛的意义上使用"独立系统运营商"一词）。独立系统运营商通常与输电网所有者（TO）一起存在，TO指不运行系统但拥有系统的输电网所有者。

2.2.2　工作组成员所在国家电力行业结构

工作组成员所在国家/州的电力行业结构如图 2-1 所示。

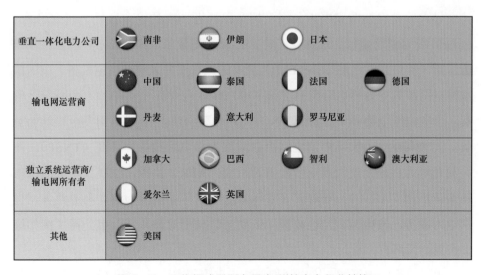

图 2-1　工作组成员所在国家/州的电力行业结构

在美国，得州电力可靠性委员会和西南电力联营公司采用的组织结构是独立系统运营商/输电网所有者。亚利桑那州和杜克能源公司负责的中西部输电网规划机构的区域电网采用的组织结构则是垂直一体化。

图 2-1 显示了工作组成员所在国家三类电力行业结构的分布情况。由于大多数国家或地区的电力系统正处于放松管制和市场化阶段，因此与其他两类结构相比，采用垂直一体化结构的国家或州的数量较少，仅包括日本（九州地区）、伊朗、南非和美国杜克能源公司负责的中西部输电网规划区域。在伊朗，垄断公司是伊朗发电、配电和输电公司（Tavanir）。

采用输电系统运营商和独立系统运营商结构的国家数量更多，中国、泰国以及除英国和爱尔兰以外的所有欧洲国家的电力系统都采用输电系统运营商结构。在中国大陆，国家电网和南方电网是两大主要输电系统运营商。泰国的输电系统运营商是泰国国家电力局（EGAT）。这三家输电系统运营商都是通过供需双方的价差获利。

在英国、爱尔兰、加拿大、巴西、智利等一些国家或地区和美国的一些州，输电系统运营商被划分为输电网所有者和独立系统运营商。巴西的独立系统运营商被称为 "Operador Nacional do Sistema"。巴西有一系列输电网所有者，其中最大的是巴西国家电力公司，拥有巴西近 50% 的输电容量。在爱尔兰，EirGrid 公司和北爱尔兰系统运营商（SONI）是爱尔兰和北爱尔兰的独立系统运营商。爱尔兰供电委员会（ESB）拥有输电资产并采购新输电设备。英国国家输电网被划分为输电运营商（国家电网输电运营商（NGTO））和系统运营商（国家电网电力系统运营商（NGESO））。这有助于促进英国发电市场的竞争。澳大利亚电力市场中的电网企业被称为输电网服务提供商（TNSP）。澳大利亚电力市场由澳大利亚能源监管机构（AER）监管，由澳大利亚能源市场运营机构（AEMO）运营。五家州输电网服务提供商为澳大利亚的各州提供电力服务。输电网归当地政府（例如塔斯马尼亚州）或上市公司（例如维多利亚州）所有。

由于组织结构不同，输电网规划结构也因国家而异。输电网规划（TSP）的投资者和负责组织如图 2-2 和图 2-3 所示。

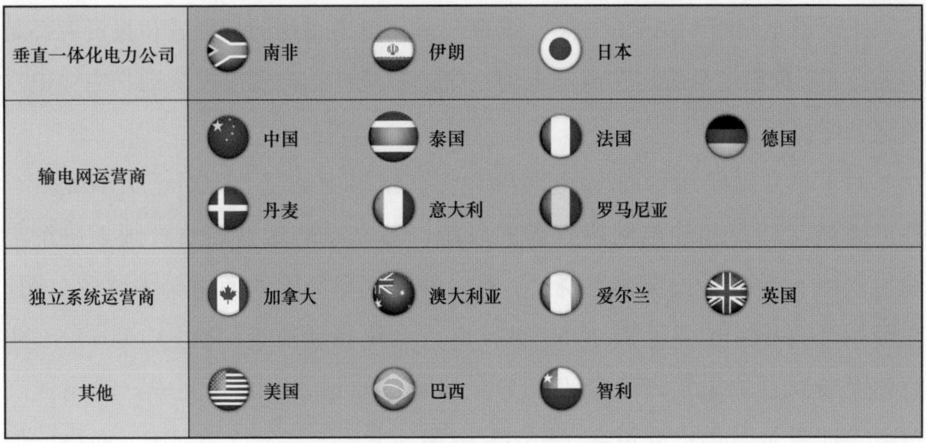

垂直一体化电力公司	南非	伊朗	日本	
输电网运营商	中国 丹麦	泰国 意大利	法国 罗马尼亚	德国
独立系统运营商	加拿大	澳大利亚	爱尔兰	英国
其他	美国	巴西	智利	

图 2-2 负责输电网规划决策的组织

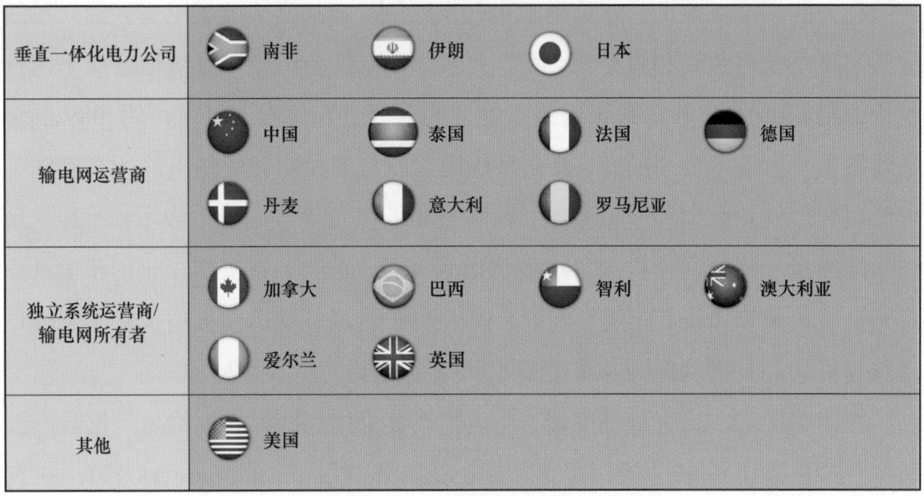

垂直一体化电力公司	南非	伊朗	日本	
输电网运营商	中国 丹麦	泰国 意大利	法国 罗马尼亚	德国
独立系统运营商/输电网所有者	加拿大 爱尔兰	巴西 英国	智利	澳大利亚
其他	美国			

图 2-3 输电网规划投资者

对于西南电力联营公司，独立系统运营商负责规划，输电网所有者投资输电资产。对于得州电力可靠性委员会，独立系统运营商和输电服务提供商负责决策和资产投资。对于垂直一体化的亚利桑那州和中西部输电网规划机构所负责的区域电网，则分别由亚利桑那州的公用事业公司和杜克能源公司来承担这两项任务。

如图 2-2 和图 2-3 所示，负责规划决策和资产投资的机构在很大程度上

9

反映了区域电网组织结构的类型。垂直一体化电力系统的规划者和投资者都是垄断公司。有输电系统运营商的电力系统的投资计划与资产投资则都由输电系统运营商执行。

对于独立系统运营商/输电网所有者，结果更加复杂。对于大多数具有独立系统运营商和输电网所有者的系统，独立系统运营商负责规划决策，输电网所有者负责投资输电资产，例如爱尔兰和美国的西南电力联营公司。在爱尔兰，EirGrid 公司和 SONI 进行电力系统规划决策，并由 EirGrid/SONI 公司负责执行输电资产的建设任务。但是，一旦资产建设完成，输电资产业主，即爱尔兰供电委员会（ESB）网络、北爱尔兰电力（NIE）网络，便拥有资产。

在一些国家，不止一方负责制定开发计划。在加拿大安大略省，独立系统运营商是系统运营商和核心规划者。大部分发电量会由独立系统运营商来进行电价调整和/或按与独立系统运营商签订的合同进行售卖。目前，约 98%的输电线路由一家输电公司所有。独立系统运营商与安大略省的输电网所有者和配电公司合作规划大型和区域系统。输电设施业主负责收回资本成本，而独立系统运营商在一些电网投资项目中提供监管支持。此外，在英国，业主和运营商共同负责决策和投资。在澳大利亚，澳大利亚能源市场运营机构也是国家输电网规划机构，负责制定国家年度输电网规划方案。

在南美国家，政府负责规划。在巴西，负责规划研究的机构是一家政府公司——EPE 公司（来自葡萄牙语 "Empresa de Pesquisa Energética"）。在智利，能源监管机构国家能源委员会（Comisión Nacional de Energía，CNE）主管输电网规划过程，同时也有其他机构共同参与。智利独立系统运营商国家电力协调局（Coordinador Eléctrico Nacional，CEN）每年都会发布一份报告，给出输电系统扩展建议。报告发布几个月后，不同公司可以提出输电系统的其他扩展项目。最后，监管机构会介绍与输电系统扩展计划相关的项目。

2.2.3　工作组成员所在国家进行电力系统规划的时间期限

本节总结了成员所在国家/地区进行输电网规划的方式。进行输电网规划的频率和相关的远期规划如图 2-4 所示，图中的不同灰度条形代表每个国家/地区的年负荷增长率。

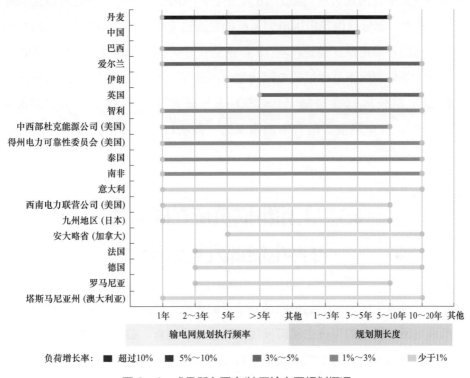

图 2-4　成员所在国家/地区输电网规划概况

大多数年负荷增长率超过 1%的国家或地区每年都进行输电网规划或每年滚动修订输电网规划。在中国，电力系统长期发展计划每五年制定一次，滚动计划每年执行一次。同样，伊朗每五年制定一项重大计划，并每年修订一次。英国目前的监管期为 8 年（到期后将改为 5 年），内部规划可能每年进行一次。在输电方面，英国正在不断根据客户申请进行输电网规划，并且制定了年度电网方案评估（NOA）流程。

在未来负荷增长很平稳的国家，一些国家的规划频率较低。总体来说，加拿大目前正在进行大型规划，而且正在为大型规划制定更为结构化的流程。区域规划预计至少每五年进行一次。在法国，输电网规划正从每 5 年一次缓慢过渡到更短时间一次。

从国家或地区的规划期来看，输电网规划并没有表现出明显的规律性。除中国外，大多数国家的规划期为 10 年左右。中国是唯一一个规划期为五年的国家。其中一部分原因是中国电力系统的发展速度相对较快，电网的长期发展具有较高的不确定性。但是，对 10 年或更长时间的电力规划，中国进行的是电力潮流规划，而不是详细的电网规划。在欧洲，规划流程看起来非常相似：欧洲输电系统运营商网络（ENTSO－E）制定了《电网十年发展规划》（TYNDP），其中涵盖了所有欧洲国家的主要项目。在协调规划和运行方面做了大量工作。

2.3　工作组成员所在国家的可再生能源发展情况

由于可再生能源是影响电网规划结果的重要不确定性因素之一，我们对工作组成员所在国家的可再生能源发展情况进行了调查。截至 2018 年底，工作组成员所在国家的可再生能源发电量占比及全年发电量见图 2－5。需要注意的是，由于水电是一种传统的可控发电能源，不同于风电或光伏发电，因此未将其作为"可再生能源"纳入调查范围内。

各成员所在国的情况大不相同。截至 2017 年底，中国的风电和光伏发电装机容量居全球之首，达到 294GW。装机容量排名第二的国家是美国，但在我们的调查中，来自美国的成员仅代表其所在的州或地区。因此，美国的调查结果是按州或地区计算的。德国的风电装机容量和光伏发电装机容量分别为 55.9GW 和 42.3GW。日本的光伏装机容量相当多，但风电装机容量很少。在巴西，新型间歇性可再生能源发电（风电）呈现出快速增长趋势，有利于输电系统扩展。目前，生物质能发电是巴西电源结构的主要组成部分。

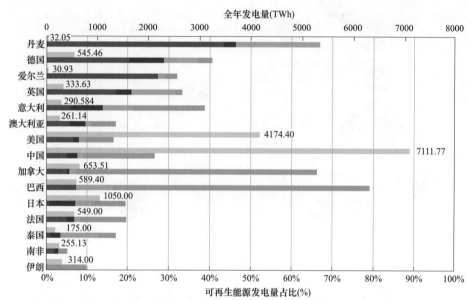

图 2-5　工作组成员所在国家的可再生能源发电量占比及全年发电量

在全球范围内，风能是开发最为广泛的新型可再生能源，其次是太阳能。一些国家和地区的光伏发电超过了风电，例如意大利、泰国和日本的九州地区。爱尔兰和巴西等一些国家还发展了生物质发电，虽然装机容量小，但潜力巨大。由于发电成本高和技术不成熟，光热发电（CSP）并没有在所有国家推广。美国和法国已经发展了光热发电，中国刚刚起步，但总装机容量不高。

我们还调查了目前的可再生能源占比情况和 2030 年的发展目标。在本报告中，可再生能源渗透率是指可再生能源发电量（MWh）占负荷需求电量（MWh）的比率。由于不同国家的负荷水平不同，可再生能源渗透率可以更准确地反映一个地区的可再生能源发展水平。图 2-6 给出了结果。

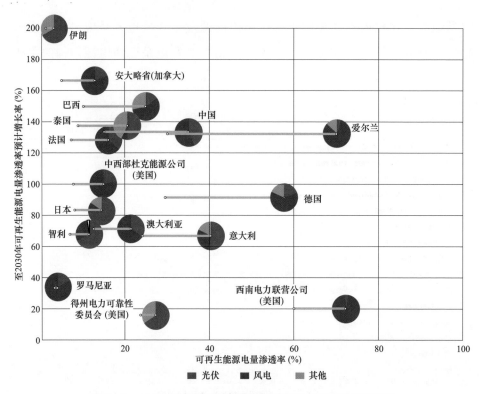

图2-6　成员所在国家目前可再生能源占比情况和未来目标

　　金色线左右两端的水平坐标分别代表了成员所在国家目前的可再生能源渗透率情况和未来的可再生能源渗透率目标。图2-6显示了2030年各类可再生能源的电量渗透率发展目标。金色线的高度表示从2017年到2030年可再生能源渗透率的预期增长率。

　　结果表明，成员所在国家/地区可以分为三类。第一类目前具有较高的可再生能源渗透率，但预期增长率相对较低，包括爱尔兰、德国、意大利和美国的西南电力联营公司。尽管预期增长率较低，但由于基数较大，这一目标仍然相当高。第二类的预期增长率较高，但目前的可再生能源渗透率较低，包括中国、巴西和法国。由于核电在电源结构中占相当大的比例，法国的可再生能源渗透率并不高。第三类目前的可再生能源渗透率低，预期增长率也低，例如，由于未包括水电，罗马尼亚目前的可再生能源渗透率和预期增长率都不高。由于罗马尼亚的水电装机容量大（约占33%）且负荷增长少，罗马尼亚预计不会增加很多的可再生能源以实现更高的可再生能源渗透率。

　　伊朗和爱尔兰是两个例外。伊朗虽然预期增长率很高，但由于目前装机容量较低，可再生能源装机目标仍然不高。爱尔兰的可再生能源资源丰富，到2030年及以后，可再生能源将成为爱尔兰能源供给的关键组成部分和增长点。爱尔兰政府承诺，到 2030 年 70%的发电量将来自于可再生能源。

电力系统规划的不确定性

3.1 不确定性因素的类型

输电网规划中的不确定性包括长期不确定性和短期不确定性。

长期不确定性是指在以年为单位的时间段内，由于技术进步、经济波动、政局变化、环境约束、社会发展等外部环境变化，导致的电力系统的发电、输电、配电发展建设规划与负荷预测不一致的现象。长期不确定性往往会导致电力系统运行方式发生变化。在某些运行条件下，这种变化可能会降低原计划的输电网规划的经济性或安全性。例如，过去五年里，加利福尼亚州光伏发电系统安装数量的增长速度远超预期，导致了"鸭型曲线"问题。

短期不确定性是指由于天气和电力用户行为（例如可再生能源发电量、电动汽车充放电等）的随机性，导致的电力系统运行状态不可预测性。这种不确定性会持续数小时甚至数天，因此电力系统需要有足够的灵活性来应对运行条件的意外变化。本章总结了可能影响输电网规划的不确定性因素。

3.1.1 负荷增长

在某些国家，负荷增长是进行输电网规划的主要驱动因素，其他国家在发展过程中亦是如此。输电网规划时，既要考虑长期不确定性，也要考虑短期不确定性。长期来看，负荷增长不仅受到经济的影响，还受到社会电气化和新用途（电动汽车、电气化发展计划等）的影响。如果出现经济过热或其他类似危机，可能会直接影响用电负荷，例如，在 2015 年，由于经济增长放缓，中国的用电需求仅增长了 0.5%。高速铁路、电动汽车、空间供暖/制冷等电气化的快速发展，对电力系统提出了新的负荷需求。这种发展非常受技术进步、政策和市场环境的影响。有时，电气化的普及要比预期快很多。2018 年夏天，由于空调和电气化交通用电负荷增长，中国多个省份经历了严重的电力短缺。近年来，中国比特币挖矿的快速增长带来了意想不到的负荷需求。新负荷加入也改变了负荷模式，增加了短期不确定性，例如，使用电泵进行空间供暖/制冷将使负荷对天气更加敏感。电动汽车的充放电也极大地改变了居民的负荷状况。负荷模式也会促使输电系统的形态发生变化。

3.1.2 可再生能源

可再生能源大规模并网给输电网规划带来了长期和短期不确定性。从长远来看，可再生能源增长在很大程度上受发电成本和能源政策的影响。尽管可再生能源的成本不断下降，但下降速度受技术进步的影响很大，因此很难估算。由于可再生能源的成本相对较高，因此其发展对补贴政策仍然敏感。例如，近年来，光伏扶贫政策在中国掀起了光伏安装热潮。此外，长期不确定性还包括年度可再生能源发电量的波动。短期来看，可再生能源发电非常依赖天气状况，因此存在很大的不确定性和间歇性。这将在大规模区域中引起相当大的潮流波动。由于负荷位置和可再生能源发电位置不匹配，无论是从长期还是短期来看，输电网架规划都应考虑这些由可再生能源发电引起的不确定性因素，以提供充足的输电容量和灵活的输电拓扑来适应可再生能源。

3.1.3 电力系统新要素

电动汽车、储能、分布式发电、电力系统中的可中断负荷等新参与者的加入为输电网规划带来了长期和短期不确定性。从长远来看，这些新参与者的发展和普及程度是不可预测的。以储能系统为例，很难准确估计未来将安装多少储能设施，以及哪种储能技术将成为主流。短期来看，新参与者的加入将显著影响电力用户的行为，从而改变负荷模式和负荷增长，例如，由于大量随机充放电行为，未来电动汽车的普及将引入负荷侧的不确定性。输电网的规划应当可靠、灵活，以支持新参与者的加入。

3.1.4　投资成本

投资成本是输电网规划的长期不确定性因素之一。输电网规划一直涉及高投资成本。输电系统的发展和进步推动了许多昂贵的新技术和设备的应用，例如超高压输电技术、直流断路器、柔性变流器甚至能源路由器。技术进步和规模化应用将大大降低输电系统关键设备的成本。投资成本的变化会对设备选型和技术方案的经济评估产生不可忽视的影响，进而影响输电网规划决策。

3.1.5　电力市场/监管

电力市场也给输电网规划带来了长期不确定性和短期不确定性。从长远来看，电力市场机制和规则的变化将对电力系统经济调度产生重大和决定性影响，进而改变潮流转移模式，最终影响输电网规划。这种影响对于中国等正在进行电力市场改革的国家来说更加明显且重要。从短期来看，电力市场参与者的行为不仅受到实际运行约束的限制，还受到其他参与者的影响。这就形成了电网规划机构与电力市场其他参与者之间的战略博弈，增加了预测和规划的难度。

市场的灵活性是值得注意的另一不确定性。我们发现，在许多情况下，增加输电容量只是为了满足每年仅出现几个小时的一些峰值负荷的需求。如果电力系统能运用已并网客户的灵活性来减少电力系统峰荷，需要的电网容量将减少许多。许多国家已经建立起了调频市场和容量市场。在输电网规划阶段，应考虑各种市场清算情况，以确保在实际运行情况下安全、经济地输电。

3.1.6 政策

政策对电力系统规划的影响主要是长期的。输电网规划不仅关系到电网的运行，而且关系到整个国家或地区的能源发展战略。电力系统结构也受国家或州/省政策的强烈影响，例如煤炭和输电的协调、不同地区的能源开发、电网管理区域的划分等。以中国为例，由于中国实施了西电东送战略，在负荷中心建设了特高压电网，为区域输电建设了远距离特高压直流输电网。

3.1.7 环境因素

电力系统与环境之间的关系更为密切。社会对环境保护的认识和态度将对电力系统规划产生重大影响。因此，环境因素也将成为电力系统规划的长期不确定性因素。例如，环保压力可能会影响电源位置。历史古迹和自然景观的保护将影响输电线路走廊的可行性。输电线路走廊也可能受到公众对电磁辐射的看法或误解的影响。

3.1.8 输电技术

输电技术的发展给输电网规划带来了长期不确定性。交流或直流技术的选择影响电网的结构以及电网的整体安全性和稳定性，因此输电技术的选择将对输电网规划产生决定性的影响。例如，中国南方电网已经从交流电网过渡到交/直流混联电网，并最终过渡到传统直流/柔性直流异步互联电网。未来，随着多端柔性直流电网、储能、能量路由器和统一潮流控制器（UPFC）的发展，进行输电网规划时应考虑广泛应用各种设备的可能。值得注意的是输电技术的不确定性主要是技术性能和未来发展的不确定性，它并不是简单地指示未来电网中是否存在某种技术。

3.1.9 电源结构

电源结构是推动输电网规划的另一个关键因素。虽然电力系统中电源结构的变化相对缓慢，但从长远来看也存在着很强的不确定性。电源结构可能受到政策（例如政府对可再生能源的补贴）、技术和经济因素（例如光伏成本下降、页岩气的广泛使用）以及一些意外事件（例如福岛核电事故对其他国家核电发展的影响，以及电池起火事故对储能技术发展的影响）等诸多因素的影响。因此，在未来进行输电网规划时，应考虑未来电源结构的多种可能场景。

3.2 工作组成员所在国家考虑的不确定性因素

3.2.1 各类不确定性因素的基本情况

由于各电力系统的运行环境不同，工作组成员所在国家或地区考虑的不确定性因素也不同。各国家/地区进行输电网规划时考虑的不确定性和已经存在但尚未考虑的不确定性，见图 3-1。

进行输电网规划时最常考虑的不确定性因素有两个：负荷增长和可再生能源。这两个因素几乎在所有工作组成员所在国家或地区都得以考虑。德国是唯一一个不考虑负荷增长的国家。由于可再生能源装机容量低，伊朗的输电网规划不需要考虑可再生能源。进行输电网规划时，中国电力系统和美国中西部系统都没有充分考虑可再生能源。政策和电源结构是几乎所有国家/地区都存在的两个不确定性因素，但有近半数国家没有考虑它们。如图 3-1 所示，至少有五个国家忽略了其余因素。尽管如此，许多国家/地区还是考虑了其中一些因素，例如环境因素和投资成本。智利提到了国际能源交易造成的外部不确定性。各个国家/地区的结果大不相同。对各不确定性因素的具体结论如下。

不确定性因素	负荷增长率	可再生能源	政策因素	发电结构	电力市场/监管	电力系统新要素	环境问题	输电技术	投资成本
英国 Brendan Kelly	●	●	●	○	●	●	●	●	●
巴西 Carlos Lopes	●	●	○	●			●		○
罗马尼亚 Ciprian Diaconu	●	●	●	●	●		●	○	●
德国 Florian Steinke	○							○	
美国 AEP SPP	●	●		●		●			
美国 ERCOT	●	●	●	●	●	●	●	●	
美国 Jeffrey Gindling	●	○	○	○	○		○	○	○
法国 Laurent Severine	●	●	●	●	●		●	●	●
意大利 Livio Giorgi	●	●	●	●	●	○	●	●	●
泰国 Somphop Asadamongkol	●	●	○	○					●
加拿大 Wajiha Shoaib	●	●	●	●	●	●	●	●	●
日本 Yoshifumi Katsuki	●	●	○	○	○				●
爱尔兰 Noel Cunniffe	●	●	●	●	●	●	●	●	●
伊朗 Pouria Maghouli	●		○	●			●		●
英国 SP Energy Networks	●	●	●	●	●	●	●	●	●
英国 National Grid	●	●	○	○	●	●	○	○	●
中国 Zhang Ning	●	○							
丹麦 Nicolaos Antonio Cutululis	●	●	●	●	●	●	●	●	●
南非 Caswell Ndlhovu	●	●	○	●		○	●	●	●
计数	19/1/0	17/2/1	10/8/2	12/7/1	9/4/7	9/6/5	12/3/5	8/5/7	11/3/6

● 存在已考虑/　○ 存在未考虑/不存在

图 3-1　工作组成员对所在国家输电网规划中的不确定性因素认识

3.2.1.1 负荷增长

负荷增长是电网扩容的最常见原因。各国在进行输电网规划时采用不同方式来模拟负荷增长。

（1）澳大利亚。在澳大利亚塔斯马尼亚州，不存在显著的负荷增长来推动重大系统升级。但是，由负荷增长驱动的项目还是被纳入了电力系统规划流程。

（2）巴西。在巴西，增长率可能会有很大的变化；负荷增长的不确定性对电源规划以及电网规划都有很大的影响。最近的十年计划提出了一种全新的思考方式，在电源规划中呈现出不同的场景。通常基于基准场景进行输电网规划。

（3）加拿大。在加拿大安大略省，通过与当地配电商与政府的合作，了解相关行业政策与经济刺激政策，能够帮助预测未来电力需求的增长。根据与公用事业公司和市政当局的讨论以及对政府增长政策，制定低、中、高电力负荷增长场景，在此基础上研究人员可针对各种不确定性场景进行规划。

（4）智利。在智利，负荷增长主要源于短期不确定性因素。智利进行了长期需求预测，《智利电力法》给出了针对短期需求增长的紧急输电建议。

（5）中国。在中国，负荷增长的不确定性对发电/需求平衡有很大影响，进一步推动了输电网规划。长期负荷增长的不确定性是通过不同的负荷预测场景来解决的，即高、中、低负荷场景。通常基于高负荷场景进行输电网规划。

（6）法国。法国社会经济发展较为全面，规划中已基本不考虑用电负荷用电的较大增长。除了某些特定领域与行业外，规划方案中几乎在包括短期场景在内的所有场景下均假设用电负荷停止增长。

（7）爱尔兰。爱尔兰考虑的是大型负荷并网，而不是正常的需求增长。EirGrid 公司进行了未来能源场景（future looking energy scenarios）预测，并针对未来的各种场景做了规划。

（8）意大利。意大利年负荷需求增长率不到 1%。基于宏观经济发展使用了多种场景模拟负荷增长。

（9）日本。在日本九州地区，负荷是根据近期趋势和有关负荷并网的新信息推断得出的。

（10）泰国。在泰国，负荷增长的主要原因是通常不确定的经济问题。由于长期负荷预测主要依据 GDP 等经济参数，负荷增长直接影响发电和输电部门的投资计划。因此，存在投资过度或不足的风险。对于服务于需求具有相当大不确定性的区域的输电系统项目，会进行敏感性分析，以调查在负荷意外增长情况下项目的可行性。监管机构会考虑敏感性分析结果选择最终计划。

（11）英国。在英国，负荷增长会影响一些地方的基础设施，如果资产用电负荷过大，可能会导致改进基础设施。负荷增长很难预测，取决于发展趋势、大规模开发和技术进步与应用。

3.2.1.2 可再生能源

可再生能源的增加深刻地改变了电网的性质，这要归因于可再生能源的间歇性以及负荷和可再生能源电厂之间的地理距离。

（1）澳大利亚。在澳大利亚塔斯马尼亚州，偏远地区新建可再生能源发电厂促进了输电系统的快速发展。确定可再生能源区域和所需的电网扩容是规划流程的两项主要任务。

（2）巴西。在巴西，可再生能源增长给输电网规划带来了挑战，这主要是因为巴西的大部分风能资源都集中在东北和南部各州的沿海地区，通常远离负荷中心。输电网规划基于能源拍卖结果以及各个区域的潜力，采用确定性方式进行研究。可再生能源的间歇性也会影响输电系统容量。

（3）加拿大。在加拿大安大略省，政府政策会显著影响接入电网的可再生能源电量。规划人员了解即将开展的电源项目，并在持续规划过程中予以考虑。

（4）智利。在智利，根据市场规则，预计可再生能源发电将显著增长。智利使用协同优化方法（发电—输电）制定发电计划。目前，短期运行约束正在被纳入长期模型。

（5）中国。在中国，可再生能源既有长期影响，也有短期影响。可再生能源的接入电网具有长期不确定性。除非并网政策改变，建设大型风电场和光伏电站应该是必然的。分布式光伏的发展很难预测，还可能将更多不确定性引入功率平衡。可再生能源的间歇性无疑给电力系统的运行带来了极大的不确定

23

性，并推动了输电系统发展规划。进行输电网规划时，可再生能源通常是确定性建模的，即在电力系统容量充裕度评估中，通常以可再生能源的保证出力来考虑可再生能源，即风电为10%，光伏发电为5%。在能源平衡方面，风电利用小时数被认为是每年2000h，而光伏发电利用小时数被认为是每年1000～1500h。极少考虑可再生能源的不确定性。

（6）法国。在法国，可再生能源是确定电网要求的重要因素。《Bilan Previsionnel 2017》给出了2020～2035年的风电和光伏发电装机容量目标。已经为能源组合规定了不同的场景，这带来了另一个不确定性。

（7）爱尔兰。在爱尔兰，可再生能源被认为是满足电网发展要求的最大贡献者。在确定到2040年的电力系统未来场景时已经考虑了可再生能源，未来能源场景考虑了图3-1中提到的所有不确定性因素。爱尔兰的2020～2040年场景报告被称为"未来能源蓝图"。

（8）意大利。在意大利，国家能源战略提出到2030年意大利可再生能源占比（包括水电）要达到55%。模拟可再生能源带来的不确定性时，使用了多种场景和概率分布函数。

（9）日本。日本九州地区使用确定性模型将可再生能源纳入输电网规划。在确定性模型中，可再生能源发电装机的出力为历史出力的平均值。

（10）泰国。在泰国，目前可再生能源是影响短期和长期输电网规划的主要不确定性因素。尽管政府政策中设定了规划水平年（2037年）的可再生能源占比目标，但在过渡期内并没有严格的规定。另外，大多数可再生能源项目可以在短时间内开发，通常比输电系统的建设周期短。因此，经常发生电网规划人员在进行输电网规划研究时无法预见未来的可再生能源开发项目的情况。因此，输电网规划可能导致可再生能源项目延期，以防系统运行不安全。与负荷增长不确定性一样，通过进行敏感性分析在输电网规划中考虑了可再生能源的不确定性。

（11）英国。在英国，监管补贴为投资带来了稳定性，但由于受到政治压力的影响，近年来监管和补贴发放变得更加严格。同时，在自由化市场，可再生能源成本的降低使得输电系统中现有的集中式常规旋转发电机组投资达到了临界点，有利于本地化微型发电方案的推出和实施。使用没有稳定燃料源的非旋转电厂来平衡需求给输电网规划带来了不确定性。不论可再生能源发电将来是否会并网，都需要对其并网进行大量的系统分析研究。

3.2.1.3 电力系统新要素

（1）巴西。在巴西，由于目前电力系统新要素很少，不存在由新要素引起的不确定性。但是，从中长期来看，储能接入的位置会影响未来的电网网架规划。

（2）智利。在智利，预计电力系统新要素将是一个长期过程。新投资者可以在开放的市场中自由识别发电机遇，不必遵守规划的并网计划。然后，规划必须考虑在未来几年（20 年规划水平年）市场运营商可以开发哪些新电源项目，以及这些项目在何时何地并网。因此，我们使用了场景分析技术和发电—输电协同优化方法（使用 Plexos 求解）。

（3）中国。在中国，电动汽车、储能和可中断负荷的影响取决于其普及程度。在中国大多数电力系统中，这些新参与者的普及程度还未达到需要在输电层面进行考虑的程度。

（4）法国。在法国，电动汽车的不同普及程度被视为规划研究的不同场景的输入参数。可中断负荷（或电源）和储能被认为是应对平衡或电网限制的潜在解决方案。出于平衡或电网限制考虑，尚未考虑电转气技术。虽然已经在研究中提出了关于电转气技术的一些假设，但目前使用前景还很有限。

（5）爱尔兰。在爱尔兰，电力系统新要素目前还不构成问题，但预计后期这一问题会逐渐凸显。

（6）泰国。在泰国，电力部门正在深入研究新兴技术，例如储能系统（ESS）、电动汽车（EV）、微电网、需求响应以及其他智能电网技术。尽管目前这些技术尚不影响输电网规划，但预计这些新参与者很快就会对泰国的供电行业产生影响。但是，泰国目前的输电网规划并没有考虑新参与者。

（7）英国。在英国，成本、技术进步和政府激励措施将推动技术的应用。

配电网运营商（DNO）仍在观望未来的发展动向，到目前为止，还没有任何并网引发基础设施改进，不确定后续将如何发展。热泵负荷将成为低电压电力系统规划中的主导因素。

3.2.1.4 投资成本

（1）加拿大。在加拿大安大略省，规划人员发电和输电设备的投资成本十分熟悉，但是，我们需要对分布式能源和其他非传统输配电解决方案（例如无线输电，NWA）的全寿命周期成本进行更多研究。

（2）智利。在智利，投资成本决定了要开发的不同类型的发电技术，因此，会影响输电系统扩容。需要预测每种技术的未来投资成本。

（3）中国。在中国，即使投资成本发生变化，在短时间内（例如5年）也基本不会改变不同技术的相对成本效益。我们预计某些新技术（即柔性高压直流输电技术、电池储能技术）的成本基本不会下降。因此，在进行输电网规划时每种输电线路和变压器的投资成本是固定的。

（4）法国。在法国，投资不确定性主要与电池等新设备有关。每个项目都通过成本效益分析（CBA）进行分析，并确定项目交付的主要风险。

（5）泰国。在泰国，当前的投资成本不确定性主要涉及包含高科技设备的输电系统项目，即海底电缆、高压直流输电设备、变电站自动化系统和储能系统。在这些项目中，由于投标较少，设备的基准价格可能不确定。另外，设备的价格在未来趋于下降，因此很难估计这些项目的投资成本。和负荷增长一样，研究人员通过进行敏感性分析来考虑投资成本的不确定性。通常假设设备的基准价格在预期范围内变化，然后再研究项目的可行性。

（6）英国。在英国，投资成本通常可通过进行可靠的成本效益分析（CBA）确定。

3.2.1.5 电力市场/监管

电力市场为系统运行带来了更多不确定性因素，例如电价和市场规则的不确定性。在放宽电力系统管制的国家，不确定性可能非常高并且不可预测。但在拥有成熟电力市场或垂直一体化电力公司的国家，影响可能并不明显。

（1）加拿大。在加拿大安大略省，电力市场正在进行改革，特别是引入了增量容量拍卖机制——需要在购买容量的地点、购买容量的期限以及输电网规划时间表之间进行协调。

（2）智利。当前经济信号下，电力市场有关的不确定性是影响受市场驱动的电力系统的主要因素之一。这意味着燃料成本和投资成本（发电和输电）是确定市场价格的依据，具体是统一电价还是多节点（节点边际电价）取决于国家。根据这些信号，已经开发了可再生能源发电项目（智利未提供任何补贴），并根据技术成本预测重新定义了未来的扩展场景。

（3）中国。在中国，电力系统放松管制决定了电力系统的调度规则，这是电力系统规划中的一个主要长期不确定性。特别是在可再生能源占比高的电力系统中，电力市场将导致更加极端的运行场景。

（4）法国。在法国，发电成本（以及 CO_2 价格）、意大利和瑞士的交易机制的演变（例如基于潮流的交易和新输电线路），以及英国脱欧对法英互联系统的影响是导致市场不确定性的主要原因。

（5）德国。在德国，市场或监管的不确定性主要与"国家备用容量是否足以满足峰荷还是我们也可以依靠邻国？"这一讨论有关。

（6）意大利。意大利正在讨论可再生能源参与辅助服务市场的问题。输电网规划考虑了市场耦合。

（7）泰国。在泰国，电力系统发展计划依赖于集中规划。发电规划由能源部执行，而输电网规划则由具有输电系统运营商职能的泰国国家电力局执行。这些活动必须符合政府政策以及能源管理委员会的规定。因此，就输电网规划而言，泰国的电力市场相当稳定。

（8）英国。在英国，监管补贴为投资带来了稳定性，但由于受到政治压力的影响，近年来变得更加严格；有些人认为，在自由化市场，可再生能源成本的降低使得输电系统中现有的集中式旋转发电模式达到了临界点，有利于本地化微型发电方案的推出和实施。可再生能源发电机组造成供需平衡困难，给输电网规划带来了不确定性。受监管的公用事业公司仅根据系统规划输出来获得基础资金，但商定的价格控制措施往往包括在发生特定事件时重启资金讨论的选择。

3.2.1.6　政策

政策会间接影响其他不确定性因素。尤其是有关储能、负荷增长和可再生能源的政策对当前的电网规划具有重大影响。

（1）澳大利亚。在澳大利亚塔斯马尼亚州，政策变化对电源结构和环境因素有重大影响，影响了电网规划研究。电网建设时会考虑政策变化。在详细设计阶段，路线选择会考虑环境因素。

（2）巴西。在巴西，政府（通过矿产能源部（MME））负责制定电力部门的政策。矿产能源部的下属公司 EPE（规划机构）遵循十年计划中规定的政策，十年计划每年修订。这些政策是很难模拟的不确定性因素。

（3）加拿大。在加拿大安大略省，政府换届时，需要实施不同的政策，例如利用可再生能源、推广储能技术等。如前所述，规划人员基于不同的可再生能源水平、某些气候变化目标的实现情况、政策、需求变化等进行场景规划，以了解这些因素造成的影响范围。

（4）中国。在中国，政策对电源结构和输电系统的规划都有影响。例如，可再生能源的开发在很大程度上取决于政策。政策还影响电网的建设方式，即电压等级、采用直流（电网换相换流器或电压源换流器）还是交流系统以及可再生能源发电并网形式。

（5）法国。在法国，政策不确定性与国家对包括核电在内的未来能源结构的选择以及可再生能源发电商提供辅助服务（电压调节、无功功率）有关。对于长期研究，通过对出版物《Bilan Previsionnel》（财务预测）中的不同场景进行建模，并使用"实物期权"等适当方法来考虑政策不确定性。

（6）德国。在德国，影响输电网规划的政策不确定性主要与对可再生能源类型和规模的支持力度不确定有关。换句话说，政策不确定性等同于长期可再生能源不确定性。

（7）伊朗。在伊朗，电能出口取代天然气或可再生能源出口的政策对输电网规划的影响最大。

（8）意大利。在意大利，政策不确定性与可再生能源占比的不确定性密切相关，意大利通过考虑不同场景来考虑政策不确定性。意大利的输电网规划还将引入可靠性期权容量市场，以满足高可靠性标准。

（9）泰国。在泰国，国家电力局是国有企业，因此政策直接影响输电网规划。与输电系统开发有关的一些政策，即从邻国购买电能和开发可再生能源的政策，是输电网规划中的主要假设。

（10）英国。在英国，政府政策可以通过电价和补贴对发电电源投建产生重大影响。这可以用于引领某些趋势，例如通过 STOR（短期运行备用）和电池合同刺激分布式电源的投建。这会给输电网规划带来不确定性，因为可以在更低电压等级刺激装机容量增长，使当前的输电设施在现行的输电网规划制度下变得多余，例如目前现行的供电安全和质量标准（SQSS）。利益相关方的参与度会因为行业政策发生变化。

能源公司可能会发生巨大变化。在英国，现在有一些目光聚焦到了"到 2050 年实现净零碳"（零"净"碳排放量）上。这会对输电公司产生巨大影响。

3.2.1.7　环境因素

在一些国家，环境因素是输电网规划中需要新考虑的要素。

（1）巴西。在巴西的某些地区，环境因素非常重要（例如亚马逊地区）。在巴西，不确定性与电厂和输电线路占用原住民生活区和环境保护区所需的谈判复杂性相关。在一些特定研究中会以确定性方式考虑这种不确定性。

（2）中国。在中国，环保压力（减少 CO_2 排放）推动了电源设施的建设，进一步推动了输电网络的变化。环境保护还会影响输电线路走廊以及不同输电线路的可行性和经济性。

（3）法国。在法国，必须考虑一些重要指标（例如 CO_2 的价值），并采用生态设计方法。

（4）泰国。在泰国，环境已成为影响输电网规划的主要问题。如果输电线路线穿过禁区，即森林和集水区，则不允许施工。在某些情况下，可以允许施工，但是必须由泰国国家电力局进行环境影响评价（EIA），并将环评结果提交给政府批准。因此，输电系统开发可能因需要遵循其他流程而延期。

（5）英国。在英国，对所有主要（33kV 及以上）变电站进行环境影响评价。

3.2.1.8　输电技术

（1）巴西。巴西有很长的大容量输电线路，但是这些输电线路使用的是传统技术：高压交流技术、串联电容器、第一代柔性交流输电系统和电网换相换流器高压直流输电技术。

（2）加拿大。在加拿大安大略省，由于对输电技术的了解相当透彻，因此目前尚不认为输电技术具有很高的不确定性。

（3）中国。在中国，近年来电力系统出现了几种新的输电技术，例如多端柔性直流电网、统一潮流控制器、背靠背柔性直流技术和能量路由器，甚至是电网规模的储能技术［电网换相换流器高压直流输电（LCC-HVDC）未被视为新技术］。但是，与传统的输电技术相比，这些技术的成本过高，并且预计不会下降到会影响输电网规划的水平。虽然对国家电网选择使用特高压交流还是直流技术存在争议，但推动做出规划决策的因素主要是制度性的而非技术性的。

（4）法国。在法国，输电网规划考虑的是高压直流技术，电力系统的数字化控制正在被纳入考虑。

（5）德国。在德国，高压直流输电技术是可能影响输电网规划的最受关注的新输电技术。德国希望将高压直流输电技术用于地下电缆而不是架空线路，但这在技术上具有挑战性。

（6）泰国。在泰国，尽管输电技术目前还不是影响输电网规划的不确定性因素，但预计新兴的智能电网技术很快就会对输电网规划产生重大影响。在泰国，这些新兴输电技术的应用目前处于试点阶段。之后，它们将被部署在运行的电力系统中。因此，未来它们可能会影响输电网规划。

（7）英国。在英国，从配电网运营商的角度来看，规划人员并不了解输电技术。监管部门制定的激励措施正在推动新技术的发展。

3.2.1.9 电源结构

电源结构对于系统服务（例如备用、快速频率响应、惯性等）来说非常重要。它会影响特定区域的电网使用情况或投资类型。

（1）巴西。巴西是水电大国，水电站位于不同的流域。近年来，风电场发展势头非常强劲。拥有大型水库的好处之一是有助于管理风能和太阳能的可变性。因此，输电网规划面临的挑战是，除了要满足足够的可靠性和供电条件外，还必须考虑必要的灵活性以适应不同的发电场景。

（2）加拿大。在加拿大安大略省，电源结构通常由集中规划者和政府决定或受其影响。

（3）中国。在中国，发电机组的位置（包括并网数量和位置）是输电网规划的一个重要边界条件。由于政策（例如环保政策可能要求拒绝批准或推迟火电项目）和公众舆论（例如对核电站或大型水电站的看法），发电厂的建设存在不确定性。有时，发电项目本身可能也会因其管理或施工过程中的问题而延期。这会影响系统的总体潮流，从而推动输电网规划变化。

（4）法国。在法国，预计未来的发电能源将包括核能和可再生能源。弗拉芒维尔的新核电站计划在 2023 年投入运行。尽管已经考虑了电源结构的不确定性，但仍有改进空间。

（5）意大利。意大利正在考虑完全淘汰煤炭，这种不确定性将在多种场景下考虑。这很可能和 2019 年 11 月开始的容量市场一起在 2025 年之前实现。

（6）泰国。在泰国，超过 60% 的发电量来自天然气。许多方都在努力使发电能源多样化，增加其他燃料和可再生能源。但是，与某些限制条件（即环境、社会接受度）相关的资源潜力限制仍然会导致电源结构的不确定性。这种情况导致无法明确确定新电厂的位置，因此影响了输电网规划。

3.2.2 工作组成员所在国家影响输电网规划的主要不确定性因素

图 3-2 和图 3-3 给出了工作组成员所在国家影响输电网规划的主要长期不确定性和短期不确定性。

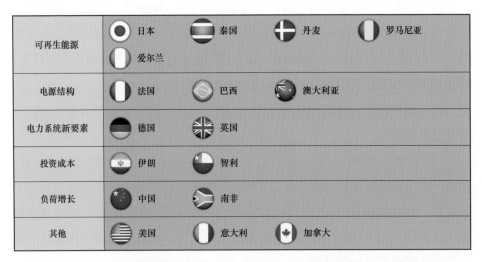

图 3-2　工作组成员所在国家影响输电网规划的主要长期不确定性

在美国，电源结构和可再生能源分别是影响西南电力联营公司和中西部系统规划的主要长期不确定性来源。对于得州电力可靠性委员会，电力系统新要素、电力市场/监管和政策是影响长期输电网规划的三个关键不确定性因素。

在意大利，可再生能源、电源结构和电力系统新要素是影响长期输电网规划的三个关键不确定性因素。

在加拿大安大略省，输电网规划不存在主要的长期不确定性。输电网规划考虑了许多长期不确定性因素，包括系统灵活性、可再生能源占比造成的负荷预测影响、政府在温室气体目标和行业电气化方面的政策变化、气候变化及其对基础设施改进需求的影响等。

各成员所在国家/地区的主要长期不确定性因素各不相同。根据统计数据，可再生能源在所有因素中的得票数最高。虽然比例很小（只有五个），但一些其他国家提到，从长远来看，可再生能源仍然很重要。在巴西，尽管主要长期不确定性因素是电源结构，但可再生能源和负荷增长也至关重要。在法国，核能和可再生能源设施的容量和位置是电源结构的主要考虑因素。可再生能源也正在成为南非的一个重要不确定性因素。在爱尔兰，除了可再生能源占比外，无法修建新线路也将成为未来要面临的一项挑战。

可再生能源	日本	中国	泰国	丹麦
	罗马尼亚	德国	巴西	
电源装机	法国	澳大利亚		
电力系统新要素	英国			
投资成本	南非	伊朗		
负荷增长	智利			
环境问题	爱尔兰			

图 3-3 工作组成员所在国家影响输电网规划的主要短期不确定性

在美国，电源结构是影响西南电力联营公司和中西部电力规划的主要短期不确定性。对于得州电力可靠性委员会而言，天气条件、负荷增长、可再生能源和环境因素是影响短期输电网规划的关键不确定性因素。

在意大利，可再生能源、电源结构和电力系统新要素是影响短期输电网规划的三个关键不确定性因素。

虽然可再生能源通常被认为是影响发电的不确定性因素，但由于各成员所在国家目前的短期状况大不相同，因此提到了更多主要短期不确定性因素。在巴西，近期影响输电网规划的一个问题是输电资产建设因各种原因延期。有时是因为发电规划和输电网规划之间缺乏协调，导致影响新发电量调度。在加拿大，技术更新速度是一个主要的短期不确定性因素。例如，在完成一项区域级计划之后，我们意识到该区域的大多数输电设施将在未来五年内停止使用，这就错失了优化寿命末期资产管理的机会。在丹麦，目前面临的一个障碍是财务资源短缺。在法国，关闭燃煤电厂、投运弗拉芒维尔核电站（大约在2021年）和开发可再生能源的决定影响输电网规划。此外，如果到2023年一些法英互联设施未最终完工，也会带来不确定性。在智利，《智利电力法》规定了针对特定短期需求增长的紧急输电建议，因此主要短期不确定性是负荷增长。

3.2.3 对每个不确定性因素的态度

图3-4显示了工作组成员所在国家对这些不确定性因素的考虑程度。坐标轴表示每个类别中工作组成员所在国家的数量。

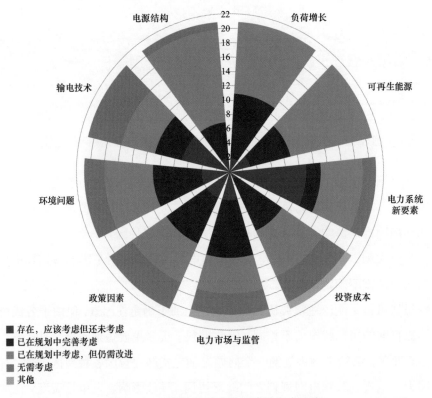

图3-4 对每个不确定性因素的考虑程度

负荷增长和可再生能源无疑是输电网规划应该考虑的两个因素。9 个国家对负荷增长已经考虑得很周全。大多数国家都认为理应考虑电源结构，但日本和大多数其他国家认为应该更好地模拟电源结构的不确定性。电动汽车、储能、可中断负荷等电力系统新要素在"应该考虑但尚未考虑"类别中得分最高。对于输电技术则存在分歧：5 个国家认为不需要考虑，但 7 个国家认为应该考虑但尚未考虑。其他选项的结果非常接近，具体如下。

3.2.3.1　负荷增长

巴西对负荷增长的考虑比对其他不确定性因素的考虑多一些。这种不确定性已经被考虑了很长时间，但没有采用复杂的方法。负责预测电力需求的配电和输电公司可以进行风险分析。规划人员实际上使用确定性方法来考虑负荷增长。

在德国，更多分布式可再生能源发电将意味着更强的行业耦合，目前还未对这种耦合进行充分建模（将改变负荷量和形状）。

在日本九州地区，与未来经济趋势一致的恰当需求假设以及由于引入可再生能源而导致的需求减少，将带来相当大的不确定性，应对此进行建模。

在泰国，负荷增长的不确定性目前通过敏感性分析来考虑。这种方法不是基于概率分析，因为输电投资项目是通过考虑基础案例需求来确定的。因此，敏感性分析只能考察与基础案例相比负荷增长变化对项目可行性的影响。然而，它无法找到应对负荷增长的随机特性的最佳方案。

3.2.3.2　可再生能源

在巴西，输电网规划时考虑可再生能源还需要做更多工作。由于已经应用于发电规划，不同的场景分析可能都被认为是适当的。

在中国，在不同阶段应区别对待可再生能源的不确定性：在电力系统容量充裕度评估中，应根据出力或容量可信度来考虑可再生能源。在输电网规划中，应在多种场景下考虑可再生能源，包括线路走廊的选择、潮流计算和 $N-1$

计算。

在日本九州地区，未来进行输电网规划对可再生能源建模时，应使用预测发电量而不是装机容量。

在泰国，目前采用的方法基于敏感性分析。与负荷增长的不确定性一样，这种方法可以通过引入概率分析来改进。原因和负荷增长的情况一样。

在英国，目前存在用户保留/持有分布式可再生能源容量但不将容量接入电网的问题。应该有一个更好的机制来劝退这些用户，为更负责任的申请人留出机会。

3.2.3.3　电力系统新要素

在巴西，短期内不一定要考虑电力系统新要素，但从长期来看，这是一个需要考虑的基本问题，因为电力行业不能等待变化发生，而应当提前预测变化。

在中国，电力系统新要素应该作为输电网规划下的一个特殊部分进行研究，例如，在未来进行输电网规划时，应该考虑中国大城市电动汽车的迅速普及。电动汽车也是智利电力系统的重要新参与者。由于目前处在电动汽车普及的早期阶段，需要更多的数据来改进建模。

在爱尔兰，进行输电网规划时最好能标注新建发电厂和需求参与者的位置。发电厂和需求参与者可能在任何地方，而配电系统运营商必须在事后对此进行规划。如果能够更好地标注位置信号，规划和开发过程将更加高效。

在泰国，从长远来看，与智能电网技术相关的新参与者应该优先于传统参与者。但是，目前还不清楚新参与者的商业模式。应该通过规定输电系统开发项目的多种场景来考虑，包括新参与者。可以进行风险分析来选择最合适的方案。

3.2.3.4 投资成本

在巴西，投资成本这一不确定性可能适用于特殊情况，例如禁运。或许可以通过风险分析进行考虑。

在爱尔兰，长期基础设施项目（例如新建线路）并未充分考虑交付小型快速解决方案以释放电网容量的能力。

在泰国，进行敏感性分析以验证投资成本对项目可行性的影响就足够了。

英国有一个设计非常好的"最少遗憾"流程，该流程可以有效评估进行短期快速增量投资的能力。在英国，传统解决方案的成本正在增加（土地、设备、材料、人员等），而智能解决方案的成本正在下降。

3.2.3.5 电力市场与监管

在巴西，虽然规划人员不需要明确考虑市场监管，但在提议进行系统扩容时了解监管影响和咨询监管机构是非常重要的。（在巴西，输电企业可能被拍卖或授权）。

在中国，电力市场不确定性是一个长期问题。需要考虑几个不确定性因素：将在多大程度上放松对电力系统的管制？能源需求的哪一部分将被投入竞争市场？中国电力系统会引入实时市场吗？可再生能源将如何参与市场？应在输电网规划的专项报告中研究这些因素的影响。

在丹麦，不同大区正在考虑实施自身的可再生能源项目，这将导致进行集中输电网规划时出现问题。

在德国，需要改进与邻国的规划，行业耦合将极大地改变监管环境，后者没有得到充分考虑。

在泰国，由于受到监管，电力市场相当稳定，市场结构的任何变化都是由超出输电网规划范围的政府政策驱动的。

3.2.3.6 政策

在巴西，很难模拟政策对输电系统扩容的影响。从长远来看，可以考虑公共政策对区域发展的影响。

在中国，不同的能源政策场景（例如可再生能源政策、核电政策、经济政策）应被视为输电网规划的特例。

在泰国，应通过基于场景的分析和风险评估来考虑政策。

3.2.3.7 环境因素

在巴西，输电网规划研究目前考虑了环境风险，并针对这些风险提出了替代线路。这些风险通常与难以获得环境许可证有关。一些规划人员认为，解决这个问题的一个办法是修改监管流程，即在招标之前的规划阶段授予初步安装许可。

在爱尔兰，考虑环境因素时，新建基础设施对电网优化和电网利用率的考虑还不够。

在英国，环境成本正在上升，使得部署电网变得更加困难。

3.2.3.8 输电技术

在巴西，一贯的做法是只应用成熟的技术，因为在监管框架下（招标流程）很难接受技术风险。远距离架空线路电网换相换流器高压直流输电技术被认为是一项成熟的技术。

在法国，已经考虑了输电技术的不确定性，但还需要考虑得更周全。在发展新技术和将新技术纳入规划研究之间存在一定的延迟。

在英国，电力电子技术是配电和输电行业的游戏规则改变者：高压直流和中压直流与交流系统结合，例如一种固态低压/11kV 变压器刚刚被批准用于配电。将来，更高频率的控制器可以进一步减小变流器的尺寸，使直流输电技术得到更广泛的应用。

3.2.3.9　电源结构

在巴西，已经认识到有必要对输电网规划中的替代能源采取更合适的处理方法。

在德国，需要改进与邻国的规划。

在英国，从配电网运营商的角度来看，对电源结构的关注还不够。规划人员应该考虑多样化的技术组合，这可能会在未来随着配电层级实施主动电网管理而实现。

第4章

电力系统不确定性规划方法

4.1 输电网规划不确定性因素建模和优化方法

由于上述所有不确定性因素,用于电力系统规划优化的许多参数是随机的,而不是恒定的。电力系统规划所使用的传统确定性方法几乎无法解决不确定性加剧带来的挑战。对于长期不确定性因素,当边界条件与预测结果不一致时,由确定性模型得到的电力系统规划方案可能不是最优的。对于短期不确定性因素,采用确定性模型可能导致保守的规划结果。这样,当短期不确定性因素导致发生意外运行工况时,会使系统达到安全限值,甚至危害系统安全。输电网规划应采用更具战略性的方法来解决这些不确定性因素的影响。

近年来,不确定性分析和优化方法在电力系统规划中得到了重视。不确定性分析已成为电力系统分析中一个重要而特殊的研究分支。例如,国际上已经召开了十三届概率方法在电力系统中的应用会议。计算机性能的提高也促进了不确定性分析方法在电力系统规划中的应用。同时,不确定性分析的原则和概念逐渐被公众所接受,从而影响了它们在输电网规划中的应用。

4.1.1 不确定性因素模型

不确定性是指参数值在一定范围内随机波动。尽管传统的输电网规划模型中已经以随机方式建立负荷模型，但与其他各种实体（如可再生能源和电动汽车）相关的不确定性在时间和空间尺度上都更加复杂。为了在优化时将不确定性考虑在内，我们首先需要建立适当的模型。输电网规划模型中考虑的不确定性包括间歇性（反映长期变化）和随机性（表示短期不可预测性）。不确定性模型可分为以下三类：概率模型、基于多场景的模型和不确定集模型。

4.1.1.1 概率模型

从数学方面来讲，表征随机变量最常用的方法是直接使用其概率密度函数（PDF）或累积分布函数（CDF）。概率密度函数的拟合基于历史数据，历史数据可通过实际测量或出力模拟获得。

通常采用两种统计方法来估计单变量概率密度函数：参数估计和非参数估计。参数估计假设测量数据是随机的，其概率分布取决于相关参数。以风电为例，大量的实证研究显示，风速的分布服从威布尔分布。

$$PDF(v:\lambda,k)=\begin{cases}\dfrac{k}{\lambda}\left(\dfrac{v}{\lambda}\right)^{k-1}\mathrm{e}^{-(v/\lambda)^k} & x\geqslant 0\\[2mm]0 & x\leqslant 0\end{cases} \qquad (4-1)$$

式中：$k>0$ 为分布的形状参数，$\lambda>0$ 为分布的尺度参数。因此在本案例中，k 与 λ 是我们需要基于历史数据估计的相关参数。常用的估计方法包括最大似然估计、贝叶斯估计、最小均方误差等。

真实随机变量的分布可能非常复杂且不规则。当参数估计精确度不理想或无法预先假定随机变量分布的形状时，可采用非参数估计方法。非参数估计是一种统计方法，允许在没有任何理论指导或约束的情况下获得数据拟合的函数形式。直方图与核密度估计是最常用的非参数估计方法。非参数估计的核心是使用简单形状或函数的组合或叠加来得到近似的历史数据分布。核密度估计示意图如图4-1所示。

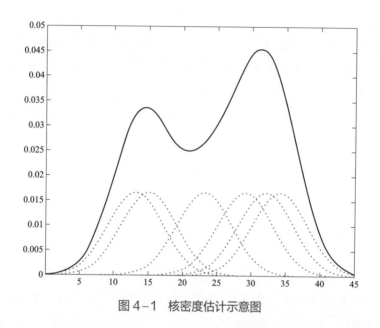

图4-1　核密度估计示意图

以上介绍的所有概率建模方法都是针对单个随机变量。对于各变量具有较强相关性的多变量情况,应进行联合概率分布的拟合。目前,copula理论是进行多维变量相关性拟合的主要方法。

由于概率密度函数不能直接被优化模型理解,所以通常将输电网规划模型转化为其他形式。机会约束和条件风险价值(CVaR)模型最常用于处理概率密度函数。下一章节对这些模型进行了详细说明。

4.1.1.2　基于多场景的模型

为了将概率密度函数应用于输电网规划而对其进行的变换通常很复杂。概率密度函数的非凸非线性解析表达也使得优化问题更加难以解决。此外,有些不确定性因素是非随机、且无任何已知先前行为的有界不确定性因素。例如,大型工业负荷分区(如炼钢厂)的私人投资商可能会因为许多政治或融资问题而改变他们的计划。一些经济激励措施,如免税或出口激励措施,会影响投资商的厂址选择决策。技术问题也可能导致工期延长。这些假设也适用于电厂退役决策。这些类型的不确定性因素无法通过概率分布函数来建模，但对最优输电网规划有重大影响，因为它们会大大改变输电网中的潮流模式。对于这些不确定性因素，通常采用场景分析手段。

多场景模型最常用于处理输电网规划模型中的随机因素。基于多场景的蒙特卡洛采样方法避免了复杂分析公式的出现。多场景模型的思路是在规划时间范围内生成一系列随机变量的可能值。用少量代表性样本（或者说代表性场景）来替换输电网规划中随机参数的随机分布。多场景概念如图 4-2 所示。

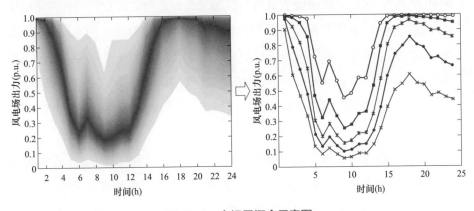

图 4-2　多场景概念示意图

为了充分反映不确定因素的随机性，所选场景应具有如下特征：

（1）多样性：场景应尽可能涵盖不确定性因素出力的实现值，包括典型出力和极端出力。

（2）分布一致性：场景集的统计特征应与实际分布一致。

（3）动态特征代表性：不确定性因素的变化应密切反映真实的间歇性。

（4）紧凑性：场景的数目应仅限于在建模精度与计算难度之间进行权衡。

多场景模型可分为顺序模型和非顺序模型。顺序场景模型使用连续的实现时间序列，例如一天或一周的每小时可再生能源出力，作为一种场景。顺序场景可能会施加额外的物理约束（例如，火电机组的出力上升/下降限制），这种情况下会考虑随机变量的空间和时间影响。可以多个独立的场景形式或场景树形式建模。顺序场景适合用于表示随机过程。非顺序场景也可视为多状态模型。随机变量作为一系列独立值及其相关的概率（通过历史测量数据得出）建模。设备的随机故障也可以包含在模型中。与顺序场景相比，非顺序场景会失去时间尺度上的随机变量耦合。

场景可从历史现场测量或模拟数据中提取。以下对场景创建的说明以风电出力的不确定性为例——通过两种方式从不确定性因素的历史现场测量数据中选择，即序列和并列选择。对于序列选择方法，一个场景定义为同时具有负荷需求、风电出力以及时间信息的一个运行时段。直接从历史数据中采集（每年 8760 个点）。这种方法保留了风与负荷需求数据之间的时空相关性，并描绘了电力供需平衡的典型情况。而并列选择方法则为特定时段分配不同的案例。例如，在相关文献中，每个风力场景由某一特定负荷季的一周风廓线表示，并各选择 4 月、8 月和 12 月的一周分别代表低、高和中负荷季来考虑负荷变化。因此，集成风廓线可以很轻易地捕捉极端场景，并反映给定时间间隔内的不确定性。

用于创建场景的模拟方法可以分为两类：物理方法和统计方法。在相关文献中，利用气象数据来重新生成历史风速数据（作为风机高度的函数）。随后根据风机标准出力曲线计算相关风速下的发电量。这样可以充分考虑空气的物理动力，更真实地再现风电的地理多样性。

对于统计模型，风电出力或风速从统计模型中采样。已提出一系列假设分布，如正态分布、经验非参数分布或威布尔分布（仅适用于风速）。同时还利用多元模型，如多元正态分布，来考虑不同地理位置之间可能存在的相关性。然后用蒙特卡洛方法来采集并列场景样本。还提出了其他统计模型，如自回归滑动平均（ARMA）、随机微分方程模型或 Gaussian Copula 模型。

直观上说，大量的场景将更真实地呈现不确定性的特征。但是，当场景的数量增加到超过特定阈值时，可能只能小幅提高解和目标函数的质量。因此，需要利用场景缩减技术来选择最具代表性且信息损失最少的场景。

场景缩减包括两个步骤：场景聚类和代表性场景选择。已提出的聚类技术包括 K 均值聚类、层次聚类和模糊聚类。这些方法的原理是选择概率较高的代表性场景。然而，一些极端场景，如最小可能出力，通常与密度低有关，可能被排除在外，尽管这些场景可能导致甩负荷和更高的系统运行成本。因此建议将此类极端场景包含在缩减后的场景集中。对于在聚类中选择代表性场景的标准，到底是选择概率最高的场景还是将所有场景平均成一个更合适，目前还在讨论。

多场景模型具有以下 3 个优点。

（1）有助于建立一个更简单的输电网规划模型。多场景模型将不确定性因素转化为确定性形式。因此，在每种场景下，可以使用确定性而非概率性的方式对运行约束进行建模。

（2）更可靠地估计运行成本。对于每种场景下的电力系统运行情况，可以建立明确的模型，从而可以准确地计算相关成本。通过计算所有场景的加权平均值，并考虑各场景之间的成本差异可以估计全年的运行成本。

（3）保持随机变量的时空相关性。顺序场景能够准确捕捉由气象动力学引起的空间相关性和时间变化信息。这些信息对于可再生能源机组广泛分布的输电系统的规划至关重要。

引入多场景模型产生的问题主要有两个方面。

（1）模型的场景集和计算难度之间的平衡。场景建模使输电网规划模型的规模扩大了数倍，给模型的有效求解带来了巨大的挑战。通常，多场景模型需要一种分解方法来降低求解复杂度。

（2）决策易受所选场景的影响。输电网规划模型要求满足所有场景的运行约束。因此，可能根据其有效约束的极端场景作出规划决策。因为场景的生成涉及随机采样过程，场景采样的任意性可能影响不确定性规划决策。因此降低场景建模方法中的任意性非常重要。

4.1.1.3 不确定集模型

因为大多数随机变量在有限范围内变化，所以随机变量也可以按照其上限和下限之间的区间框来建模（ e.g $P = \{p \mid p \in [p_{min}, p_{max}]\}$ ）。这种区间是最简单的不确定集形式。与上述方法不同，区间不考虑区间内的概率分布信息。风电实际值可能是上限和下限之间的任何值。上限值和下限值可从历史数据和概率密度函数中得出。如果累积的历史数据足够多，则历史数据的最大值和最小值就是不确定区间的上限和下限。一定置信水平下的经验概率密度函数的置信区间也可以设置为区间框。置信水平决定区间的保守性。

不确定集模型通常用于区间规划或鲁棒优化模型。在区间规划时，考虑三种实现值：下限、上限和预测情况。与场景不同，这三种实现值没有对应的概率。约束保证所有三种场景下的安全性，但目标函数只考虑预测情况。对于鲁棒优化，规划在最大程度上降低运行成本最高的场景或最坏场景下的总成本。有关这些模型的详细信息，见下一小节。

采用不确定集模型进行输电网规划通常要求解在上、下限范围内的所有可能条件下都可行。但是，这一要求往往导致模型的最优规划过于保守。因此，在建立这个模型时，往往把问题转化为如何设置合理的不确定集。为了弥补这一差距，提出了不确定性预算的概念，用于在不降低置信水平的前提下生成较小的不确定集。这在一定程度上控制了模型的保守性。除了不确定性预算，也可利用期望和协方差矩阵来考虑椭球不确定集。

4.1.2　计及不确定性的系统规划优化

典型的传统输电网规划模型可用以下公式表示

$$\min C_{\mathrm{inv}}x + C_{\mathrm{op}}P \tag{4-2}$$

$$s.t.\boldsymbol{M}_{\mathrm{balance}}\boldsymbol{f} = \boldsymbol{P} - \boldsymbol{L} \tag{4-3}$$

$$f_{\mathrm{le}} - B_{\mathrm{le}}M_{\mathrm{le}}^{T}\theta = 0 \tag{4-4}$$

$$\left| f_{\mathrm{lc}} - B_{\mathrm{lc}}M_{\mathrm{lc}}^{T}\theta \right| \leqslant T(1-x) \tag{4-5}$$

$$\left| f_{\mathrm{le}} \right| \leqslant f_{\mathrm{le}}^{\max} \tag{4-6}$$

$$\left| f_{\mathrm{lc}} \right| \leqslant diag(X_{\mathrm{lc}})f_{\mathrm{lc}}^{\max} \tag{4-7}$$

$$P^{\min} \leqslant P \leqslant P^{\max} \tag{4-8}$$

$$\theta^{ref} = 0 \tag{4-9}$$

$$X_{lc} \in \{0,1\} \qquad\qquad (4-10)$$

为方便解释，以下分析仅考虑一年规划，所有表达式均为矩阵形式。式（4-2）是我们想要最小化的目标函数。第一项表示输电线路的投资成本，其中 C_{inv} 表示各备选线路的成本，线路投资决策用二进制变量 x 表示。如果 $x, i = 1$，则将在规划期内建设第 i 条备选线路。否则，不会建设该条线路。x 最大程度上降低总成本，这是解决输电网规划问题的最终目标。第二项表示运行成本，在本模型中作为发电机输出功率 P 的线性函数。C_{op} 为发电的成本系数。该数学公式是典型的二阶输电网规划模型。因为采用直流潮流，因此不考虑功率损失和电压变化。通过求解优化问题，规划人员可以得到不同参数设置下的规划方案。然后，使用交流潮流进行精确的时域模拟，来评估所得到的场景的性能。

采用上述模型可以为规划期制定出最经济的解决方案。但是，由于不确定性的增加使得系统难以优化，并且日益严重的环境问题使得环境问题对于政策和策略的制定相当重要，因此多目标规划模型也考虑了系统可靠性、节能和环保，这给输电网规划研究带来了活力。

式（4-3）表示系统中各节点的功率平衡。式（4-4）和式（4-5）分别表示已建线路和备选线路的直流潮流约束。式（4-6）和式（4-7）分别对已建线路和备选线路施加输电容量限制。式（4-8）表示机组的发电限值。式（4-9）规定参考节点的电压相角为0。式（4-10）表示变量变化范围。该模型可进一步简化为

$$\left.\begin{array}{l} \min \ Ax + By \\ s.t. \ \ Cy \geqslant D \\ \quad \ \ Ex + Fy \geqslant G \end{array}\right\} \qquad (4-11)$$

式中：y 表示连续变量集。

4.1.2.1 基于场景的模型

场景是相关概率不确定性因素的实现值。全局不确定性可近似表征为仅包含局部信息的离散场景集。以下两种基于场景的模型可用于输电网规划：两阶段模型和多阶段模型。这两种模型的不同之处不在于规划周期有多长，而在于

场景的组织形式，以及单一投资决策涵盖的时间跨度。

（1）两阶段模型。从式（4-2）至式（4-10）可以看出，传统的输电网规划是一个混合整数线性规划问题。按照变量的类型和意义，输电网规划可以自然地分为两个阶段。在大多数两阶段模型中，投资方案是第一阶段决策，场景中的机组组合或经济调度是第二阶段决策。第二阶段所有场景共用第一阶段作出的投资决策。备选线路的投资决策是各场景之间唯一的结合点。因此，当涉及系统运行时，每个场景都是独立的，其约束与传统输电网规划模型一致。在第二阶段考虑所有场景后，目标函数变为所有场景下的投资成本与年度预期运行成本之和。两阶段模型可表示为

$$
\left.
\begin{aligned}
&\min Ax + \sum_{i \in S} \pi_i By_i \\
&s.t. \quad Cy_i \geqslant D \quad \forall i \\
&\qquad Ex + Fy_i \geqslant G \quad \forall i
\end{aligned}
\right\} \tag{4-12}
$$

式中：S 为场景集，π 为相关场景的概率。

虽然所考虑的场景数量越多，问题的规模越大，但上述模型仍然是一个混合整数线性规划问题，可以看作是传统模型的扩展。如果模型中只有一个场景，两阶段模型退变为传统的确定性模型。两阶段的建模很简单：整个模型可以由一个"现货"求解器直接求解。然而，太多场景会导致计算负担繁重，而太少的场景可能不足以代表整体的不确定性。明智地选择场景非常重要，尤其是当存在很大的不确定性时。创建和缩减场景的方式前文已有介绍。只要能够合理选择场景，就能通过两阶段输电网规划模型制定出最优的规划方案。

除了合理选择场景，应用分解算法也可以加快求解速度。常用的加速算法包括 Benders 分解、拉格朗日松弛和 Dantzig–Wolfe 分解。在进行可再生能源占比高的输电系统的扩容规划时，结合采用 Benders 分解和多参数线性规划来集成大量场景。

（2）多阶段模型。在两阶段模型中，投资规划涵盖整个规划期，第二阶段的时间跨度与规划期相同。如果计划超前很长一段时间，两阶段模型无法考虑前期的实际实现，从而降低了解的最优性。

为了解决这个问题，提出了多阶段模型。在多阶段模型中，各场景以场景树的形式组织在一起，不确定性分支来自各个阶段。基于每个时间段的可能性分支，每个场景对应于一条从根部延伸到叶部的路线。规划变量相应地分配到每个阶段。这两种模型的差异如图 4-3 所示。

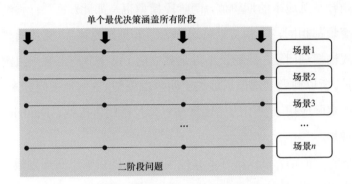

图 4-3 两阶段模型中的场景

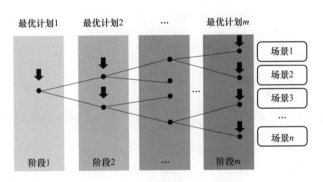

图 4-4 多阶段模型中的场景

每个阶段包含几个从前一阶段派生的节点，并且还延伸到一些新的分支。每条从根部延伸到叶部的路线代表一个场景。解将为相关阶段的每个节点提供最优投资计划。所以整体规划用决策树的形式告诉我们，如果在特定的某个阶段某一具体场景实现，应该投资哪条输电线路，哪条输电线路符合实际的输电系统发展。从图 4-4 中可以看出，越往后的阶段节点越多，这是合理的，因为预测期越长，偏差越大。多阶段模型可以表示为

$$\left.\begin{aligned} &\min \sum_{i \in S} \pi_i (Ax_i + By_i) \\ s.t. \quad &Cy_i \geqslant D \quad \forall i \\ &Ex + Fy_i \geqslant G \quad \forall i \\ &(x_{i,t}, y_{i,t}) = (x_n, y_n) \,\forall i, t, n \end{aligned}\right\} \qquad (4-13)$$

目标函数是总成本的期望值，两阶段模型也是如此。第三行强制一个节点中的所有变量都相同，一些文献将这称为"非预期约束"。整体模型仍是一个混合整数线性规划问题，但场景不再是独立的。每个节点都有一组需要确定的二进制变量。所以问题的规模远远大于两阶段模型，这增加了问题求解的难度，限制了它的实际应用。常用的加速算法包括拉格朗日松弛、Dantzig-Wolfe 分解和动态规划。

由于场景的简洁，可以将许多其他因素加入随机输电网规划模型中，从而得出更加实用的解。例如，引入高斯 copula 算法来生成相关的风和负荷场景，结合输电线路扩容规划与储能设备，研究计及放松管制的市场的不确定性的输电网规划，提出用于多阶段输电网规划的多目标模型，用于在考虑三个不同市场参与者的情况下做出动态决策。

4.1.2.2 基于风险的模型

随着电网运行不确定性的增加，整个电力系统的状态随机性变化。需要通过一种基于场景的方法来严格满足每个场景的安全约束。实际上，有些场景属于"低概率高影响"或"高概率低影响"。如果考虑所有场景，规划成本可能非常高。因此，需要一种基于风险的模型，在这种模型中，为了在经济性和安全性之间进行权衡，可以不完全满足安全约束。

风险应该根据概率模型用一些指标来衡量。常用指标包括失负荷概率、失负荷期望值、风险价值与条件风险价值。这些物理指标也可以通过风险系数转化为经济指标。

（1）机会约束。建立基于风险的模型的最简单方法是将确定性约束转化为机会约束。顾名思义，机会约束只需要概率性满足即可。

以输电线路容量约束为例，在概率很低的极端场景下，如可再生能源出力大幅增加，输电线路可能会变得拥塞。基于场景的模型提供的解可能是投资建设一条利用率低的新输电线路，以避免可再生能源的削减。在基于风险的模型中，线路容量约束可以表示为

$$Prob(|f_{le}| \leqslant f_{le}^{max}) \geqslant 1-\varepsilon \qquad (4-14)$$

式中：ε 指未满足的约束的允许概率。规划方案只需（$1-\varepsilon$）满足潮流限制即可，以牺牲一点安全性来获得可观的经济回报。

应用最广泛的机会约束是失负荷概率，是发电期望值和负荷期望值之间的差值。具体表达形式如下

$$Prob(\overline{p} - \overline{l} \geqslant 0) \geqslant 1-\varepsilon \qquad (4-15)$$

对于计及高不确定性的输电网规划，同时测量供电侧和需求侧的甩负荷率是一个很好的方法。

没有一个商业求解器能直接理解机会约束。在决策和随机变量不相关且随机变量相互独立的简单情况下，可以使用概率密度函数将约束转换为确定性约束。如果变量相互关联，或者随机变量和决策之间存在复杂的函数关系，那么在转换中会遇到很多挑战。

除了概率，也可将期望值用于机会约束，如失负荷期望值。具体表达形式如下

$$\mathrm{E}(l_{shed} \mid p + l_{shed} = l) \leqslant l_{shed}^{max} \qquad (4-16)$$

相比而言，期望值比概率更具体。除了用于一个约束条件中，失负荷期望值也可以作为一个惩罚项集成到目标函数中。期望值是概率密度函数对变量的积分。它的连续解析表达式很难直接集成到输电网规划模型中。通常的方法是将场景方法与基于风险的方法相结合，使用离散场景来计算期望值。

$$\mathrm{E}(l_{shed}) = \sum_{i \in S} \pi_i l_{shed i} \qquad (4-17)$$

在机会约束模型中，原来严格的确定性约束被概率性满足的约束所取代。相关研究中：① 将概率性直流潮流集成到优化模型中，从而能够表示输电过负荷的概率，失负荷概率作为目标函数中一项惩罚项。② 概率性减载程度量

化为上限减载概率，电量不足预期值（EENS）是机会约束的另一个常用指标。③ 将 $N-1$ 安全准则纳入概率输电网规划公式。④ 考虑到充电式电动汽车的存在，使用多状态 Markov 模型在输电网规划中对随机过程不确定性进行了建模。

（2）风险价值（VaR）与条件风险价值（CVaR）。对于给定的 $\alpha \in (0, 1)$，风险价值（VaR）等于 η 的最小值，确保超过 η 的总成本的概率低于 $1-\alpha$。也就是说，风险价值（α, x）是概率分布的（$1-\alpha$）分位点。以经济指标为例，风险价值可按照如下基于场景的方法纳入输电网规划模型中。

$$
\left.
\begin{aligned}
&\min \eta \\
&s.t. \quad Cy_i \geqslant D \ \forall i \\
&\qquad Ex + Fy_i \geqslant G \ \forall i \\
&\qquad \sum_{i \in S} \pi_i z_i \leqslant 1-\alpha \\
&\qquad (Ax + \pi_i By_i) - \eta \leqslant Mz_i \ \forall i \\
&\qquad z_i, x \in \{0, 1\}
\end{aligned}
\right\} \tag{4-18}
$$

式中：η 最小值为风险价值，M 是足够大的常数。

风险价值提供了另一种将风险纳入目标函数的途径。但风险价值有一个很大的缺点，即没有给出其价值之外的分布信息。额外二进变量的引入增加了求解模型的难度。为此引入条件风险价值（CVaR）来解决这个问题。条件风险价值定义为超过分布的（$1-\alpha$）分位点的成本的预期值。

$$
\left.
\begin{aligned}
&\min \eta - \frac{1}{1-\alpha} \sum_{i \in S} \pi_i s_i \\
&s.t. \quad Cy_i \geqslant D \ \forall i \\
&\qquad Ex + Fy_i \geqslant G \ \forall i \\
&\qquad (Ax + \pi_i By_i) - \eta \leqslant s_i \ \forall i \\
&\qquad s_i \geqslant 0 \ \forall i \\
&\qquad x \in \{0, 1\}
\end{aligned}
\right\} \tag{4-19}
$$

式中：η 为辅助变量，表示风险价值。模型中未引入其他二元变量，并且考虑了风险价值以外的概率分布。

风险价值和条件风险价值提供了另一种将风险纳入基于概率分布分位数

的目标函数中的途径。通过扩展条件风险价值来测量风险，以帮助决策者在极端情况下在经济性和安全性之间做出权衡。没有一个现成的解算器能够理解不加变换的概率模型。但是原始概率模型的变换可能非常棘手，尤其是在随机变量多重耦合的情况下。进化算法等启发式算法是最常用的。

4.1.2.3 鲁棒/区间模型

与随机规划模型相比，区间模型和鲁棒模型尝试在不了解潜在概率分布的情况下加入不确定性，并且仅使用不确定性的范围。

（1）区间模型。区间模型只考虑三种情况：上限、下限和预测场景。这三种情况没有相对应的概率。因此，与基于场景的模型（将运营成本的期望值设定为目标函数）不同，区间模型将预测场景中的成本降至最低。

为了保证解的鲁棒性，将这三种情况耦合到约束中。三种情况下的所有周期间转换都应满足安全约束。如果上限和下限包含基于场景的模型中使用的所有场景，则证明区间模型的解对于基于场景的模型中的所有场景都是可行的。模型可表示如下

$$
\left.
\begin{aligned}
& \min \ Ax + \sum_{i \in S} \pi_i B y_i \\
& s.t. \quad Cy_i \geqslant D \quad \forall i \in S \\
& \qquad Ex + F y_i \geqslant G \quad \forall i \in S \\
& \qquad f(y_i^t, y_j^{t-1}) = 0 \ \forall i, j \in S \ \forall t
\end{aligned}
\right\}
\qquad (4-20)
$$

式中：S 为三种情况的集。第三行表示关于时间相关性的约束，如斜率约束或储能设备容量限制。

（2）鲁棒模型。与区间模型相比，鲁棒模型更保守：确定系统运行的最坏情况，并制定最优投资决策，以最大程度上避免这种情况的出现。鲁棒模型的目标函数表示如下

$$
\min_x \left(Ax \max_{d \in D} \left(\min_{y \in \Omega} By \right) \right) \qquad (4-21)
$$

式中：d 表示随机变量的 $N \times 1$ 向量，在不确定集 D 中限定。

$$D = \{d \,|\, d \in [d_{min}, d_{max}]\}, d \in R^{N \times 1} \qquad (4-22)$$

式中：N 为随机变量的数目。

目标函数按极大值/极小值分为三层。内层为经济调度模型，Ω 表示 y 的可行空间。d 与 x 的值可视为从上层传递下来的参数。换句话说，内层是 d 和 x 的函数。在中间层，控制变量为随机变量 d，其可为上、下限范围内的任何值。该层的任务是找出使经济调度结果最大化的场景。这一场景为最坏场景。外层控制投资决策 x，通过提供最优输电网规划来最大程度上降低总成本。

虽然在形式上是分层的，但三层中的变量是相互关联的，这使得鲁棒模型难以求解。一般算法包括两个关键步骤：Benders 分解和子问题的对偶变换。

Benders 分解将整个模型分解成只包含二元变量的主问题和包含中间层和内层的子问题。对于一个普通的简单问题，主问题的解为子问题提供了二元变量值。通过求解子问题，我们可以形成"割平面"，这将反馈到主问题。经过多次迭代，最终得到最优解。

在鲁棒模型中，子问题仍然包含两层。处理这个问题的典型方法是对偶变换内层最小化问题。所以最小化问题会变成最大化问题，然后这两层可以合并。但是，合并后的子问题是双线性的，目前还没有统一的好方法来求解。可以使用外逼近等一些凸化方法来使子问题变得易处理。可以使用一些启发式算法，但这些算法不能保证解的最优性。

鲁棒模型的主要缺点是结果通常过于保守，并且提供的规划方案的成本可能非常高。一些参考文献中提出了不确定性预算来控制结果的保守程度。考虑不确定性预算的不确定集表示如下

$$D = \left\{ d \,\Big|\, \sum_{i=1}^{N} \frac{|d_i - (d_{max} + d_{min})/2|}{(d_{max} - d_{min})/2} \leq \Delta, d \in [d_{min}, d_{max}] \right\} \qquad (4-23)$$

式中：d_i 为 d 的第 i 个元素；Δ 为不确定性预算。不确定波动量增加一个为有限 Δ 的约束。

相关文献已得出以下结论：① 利用线性决策规则将原始的鲁棒输电网规划模型转化为一个可由现有的求解器直接求解的混合整数线性概率问题。

② 提出一个新型 5 级混合整数线性概率公式，该公式代表发电扩容不确定性下的极小—极大后悔值输电网规划问题，同时采用了 $n-1$ 安全准则。③ 对最坏场景的两种定义进行了比较。④ 提出了基于鲁棒思想的动态决策模型。鲁棒模型是做出针对长期不确定性（可再生能源容量或负荷水平不确定性）的鲁棒输电网规划的好方法。但当涉及短期不确定性（如可再生能源电厂的出力）时，解过于保守，尤其是在可再生能源占比高的情况下。为了解决这个问题，引入了不确定性预算（用户自定义参数）来控制保守水平。这实际上将问题转化为如何确定一个合适的不确定性预算，对此目前还未有任何标准方法。

4.2 不确定性建模和优化应用

如之前的调查所示，负荷增长和可再生能源是各成员所在国家最关心的两个因素。用于输电网规划的负荷增长和可再生能源建模方法如图 4-5 所示。由于可再生能源出力短期预测误差较大，因此还研究了可再生能源短期不确定性的建模。

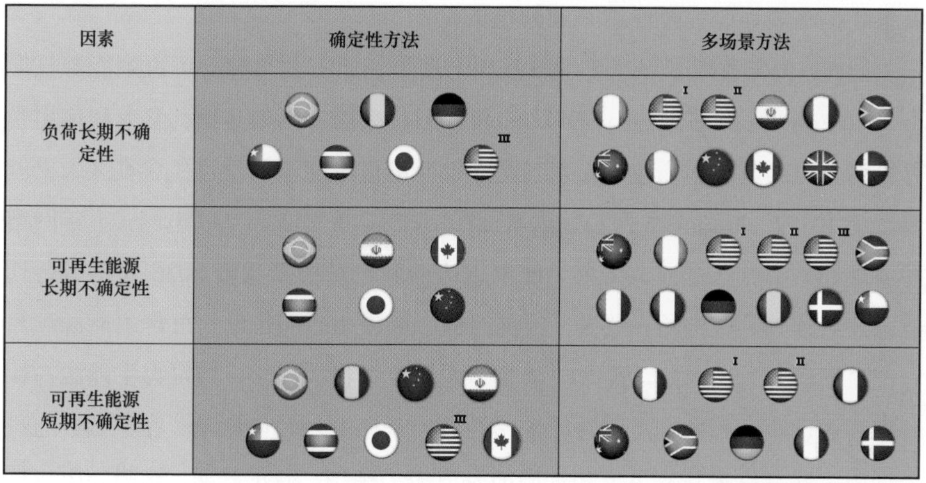

因素	确定性方法	多场景方法

图 4-5 各成员所在国家应用的负荷和可再生能源不确定性建模方法

多场景是解决模型不确定性最普遍的方法。没有任何一个国家选择概率函数或区间模型作为输电网规划的基础。另外，许多国家直接应用确定性模型，而不考虑实际输电网规划中存在的不确定性因素。在日本九州地区，规划人员通过考虑最近的趋势和可靠性高的需求趋势来预估每个地区的需求。

对于负荷的长期不确定性，大多数国家用多个场景来表示不确定性。法国使用每小时负荷（8760 个点）和 14 种气象场景。规划人员考虑不同负荷"增长"（包括停滞和下降）下的经济和技术场景。爱尔兰和北爱尔兰采用场景方法。同时使用了《未来能源场景 2017》（Tomorrow's Energy Scenarios 2017）和欧洲输电系统运营商网络（ENTSO－E）《电网十年发展规划》。在中国，增长率在 5%到 10%之间浮动，也是利用场景建模的。

一些国家正在将确定性负荷模型转换为多场景模型。在巴西，最新的十年计划尝试考虑不同的发电扩容场景（参考场景和备用场景），这些方案会影响输电网规划。在泰国，首先在输电网规划过程中根据基本案例用确定值对需求进行建模。然后进行电力系统分析，得出最低成本方案。为了确保将不确定性考虑在内，对于一些项目，通过调查项目可行性在高负荷增长情况和低负荷增长情况下的影响来考虑负荷增长的敏感性。在智利，已经考虑在进行下一次输电系统扩容规划研究时使用不同的场景。

同样，大多数国家正在使用或倾向于使用场景方法来建立可再生能源长期不确定性模型。在法国，不同风区的荷载形状采用多场景建模。意大利使用带有概率分布函数的多场景。在爱尔兰，长期可再生能源场景也包含在《未来能源场景 2017》（Tomorrow's Energy Scenarios 2017）和欧洲互联电网《十年网络发展规划》中。在泰国，可再生能源占比的假设是根据截至 2036 年的《替代能源发展计划》做出的。然而，根据经验，如果由政府推动，可再生能源项目可在短期内开发。因此，在一些情况下如果监管机构要求，当可再生能源占比与规划假设不一致时，需要进行敏感性分析来研究项目的影响。在巴西，通过进行确定性分析来建立风电和太阳能发电潜力模型。截止近期，这些分析包括一些符合巴西系统特征的发电场景，以为决策者提供帮助。在智利，基于与投资成本、运营成本等相关的不同场景采用发、输电网规划共同优化规划方法。

对于可再生能源的短期不确定性，采用确定值的国家略多。大多数国家认为没有必要在输电网规划中考虑短期不确定性。在爱尔兰，最多在前三年采用确定性模型，超过 3 年后采用多场景模型。在中国，输电网规划只考虑一些典型的光伏和风电出力进行潮流和 $N-1$ 计算。

除日本九州地区、南非和智利外，大多数国家都已在可再生能源占比高的地区开展了专项规划研究。伊朗没有进行此类研究，因为只有很少的可再生能源接入电网。在巴西，区域研究报告由能源研究公司 EPE 正式提出。在爱尔兰，开展了一项为期 10 年的促进可再生能源技术研究（未来能源场景），对可再生能源的各方面进行探究。法国对可再生能源接入电网进行了专项研究：可再生能源接入区域方案（在法国称为 "S3REnR"）。在泰国东北部和中部地区，太阳辐射潜力高，所以太阳能发电厂的发电比重相当高。由于这些区域用电量少，这会导致输电系统拥塞，尤其是在白天。因此，建立输电系统项目来将光伏电厂的电力输送到大都市地区的负荷中心。

尽管进行了大量研究并发布了许多报告，少数几个国家可再生能源占比高的地区的输电网规划与其他地区的输电网规划存在很大差异。在美国德州电力可靠性委员会中，可能需要进行不同类型的规划评估来确定需求和评估替代方案。在爱尔兰，较高的可再生能源占比同时导致对额外容量需求的增加和减少（取决于当地的需求要求和出口水平）。

法国为这些区域制定了特殊的规则：他们预测可再生能源电网。另一方面，发电商们对此也有经济参与。在日本九州地区，一个可再生能源占比很高的地区，我们选择希望在规定期限内接入电网的发电厂，并考虑将发电厂接入电网的相关措施。对于其他区域，我们视每一应用情况考虑应对措施。

每个国家使用的不确定性优化输电网规划模型如图 4-6 所示。巴西、泰国和中国在当前的实际规划中未使用任何不确定性输电网规划模型。在巴西，基于确定性准则而非多场景分析的典型规划模型是他们最近开始关注的方法。在泰国，尽管敏感性分析中考虑了许多场景，但最终计划的选择由立法机关做出。概率分析时不进行任何风险评估。

所有其他国家在输电网规划中都或多或少地采用了基于场景的方法。大多数国家采用基于场景的方法与其他方法结合，但没有任何一个国家单独使用基于风险的方法或鲁棒/区间方法。

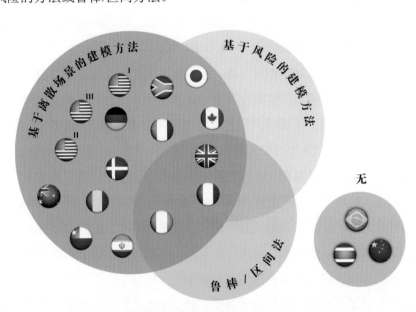

图 4-6　当前规划过程中采用的不确定性输电网规划模型

在爱尔兰，从项目规划到交付的整个过程始终采用一种鲁棒方法。在基于场景进行规划之后，对一些风险因素进行分析。法国根据分析区域，在电力系统参考案例和变体的不同场景下进行电网计算。规划人员每小时计算一次 14 个（共 200 个）气象场景（风、光、温度）。因此，作为其中一种参考方法，基于风险的方法目前应用非常困难，因为场景之间存在非常大的差距（例如，按照各种场景，到 2035 年核电装机容量将达到 8~55GW）。在日本，规划人员根据最近的趋势和发电商的最新应用信息来假设负荷。至于可再生能源并网，我们预估最坏的情况，即电力供应分配不均，并考虑应对措施。在英国，ENA P2/6 是一种基于风险的方法，其最新版本将更具概率性。

大多数国家目前的输电网规划模型如果能够进一步提高，将带来诸多好处。对各国认为的最合适的不确定性输电网规划模型进行了研究，如图 4-7 所示。

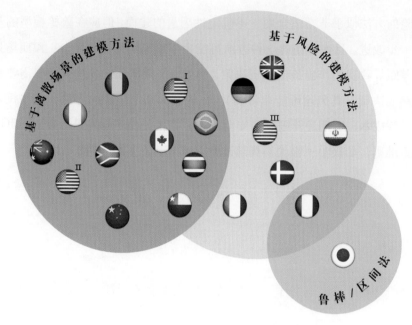

图 4-7 各国就如何对不确定性因素建模的看法

基于风险的方法是使用最普遍的方法。在美国西南电力联营公司，近期来讲，基于场景的方法可能是最佳方法，但是，一旦克服对数据和方法的可信度的担忧等障碍后，那么基于风险的方法可能会更加适合。对于德州电力可靠性委员会，基于场景的方法适用于年度输电网规划，但项目评估应采用基于风险的方法。对于爱尔兰 Joe MacEnri 来讲，鉴于目前贝叶斯分析工具可用，结合贝叶斯分析的概率性方法对于预测未来的发展可能更加适用。但同时，采用确定性准则的基于场景的方法应用起来相对容易一些。据来自爱尔兰的 Noel Cunniffe 说，概率性方法在提供信息方面很好，但实施起来很难。

相当多的国家认为组合方法是最合适的方法——将基于场景的方法和基于风险的方法相结合就足够了。交付的时间点也至关重要。规划一条 10～15 年内不会交付的新线路在任何情况下都无法解决不确定性问题。在不确定环境中，一些倾向于更多地利用现有资产而不是规划大规模投资的方法会更好。巴西同意一种观点，即场景分析是处理不确定性问题的更简单和更客观的方法，但必须注意场景应尽可能准确。风险方法也可以应用于某些因素。在法国，基于风险的方法似乎非常适合用于不确定性因素的建模，但应在鲁棒模型的基础上进一步改进。目前使用的这种方法可能会导致电网开发不充分：预期场景之间的差距导致我们作出最低投资决策（例如，仅根据预想场景就做出需要建设新线路的决策，其风险可能非常高）。在智利，基于场景的方法考虑与投资成本、运营成本、短期运营限制（安全成本）等相关的不同场景。最后，可以使用决策准则，如极小—极大后悔值准则，来解决高不确定性。

第5章

最佳实例和经验教训

5.1 EirGrid 公司采用的场景规划方法

EirGrid 公司是爱尔兰的国有输电运营商，主要业务是爱尔兰国家电网的日常管理、竞售电力市场的运营以及高压基础设施的建设，从而服务于爱尔兰经济发展。EirGrid 目前正在建设大量重要输电项目。

输电项目的规划是一个复杂而漫长的过程。正因如此，EirGrid 使用了始终如一的项目规划流程来探索各种方案并做出决定。EirGrid 使用的决策方法以及分析的颗粒度取决于各项目的规模和复杂性。该流程共涉及以下 6 个步骤。

（1）分析如何确定电网的未来需求？

（2）研究哪些技术可以满足这些需求？

（3）寻找最佳方案是什么？分析哪些区域可能受到影响？

（4）分析应在何处新建电网？

（5）进行规划流程。

（6）建设、运行并进行利益分配。

确定未来需求时，EirGrid 主要在步骤（1）中考虑了日益增长的不确定性。EirGrid 通过考虑电力需求的潜在变化来确定电网的未来需求。这些变化受以下因素影响：电源种类与电源位置；新用户侧用电技术导致的能耗变化。

EirGrid 通过构建一系列反映电力未来的场景来考虑这些变化。考虑这些场景有助于规划和识别电网可能需要的改进之处。这有助于电网识别能够满足未来潜在需求的项目。这些场景考虑了许多因素，包括：政府政策；利益相关方反馈；当前和预计的经济状况；预期电力需求增长。

EirGrid 定期审查这些场景，以考虑新趋势、行业变化和其他因素。当 EirGrid 发现电网需要被增强时，第一步是确认这一想法。应与以下机构讨论做出决定：发电企业；高耗能企业；代表性组织。

在这一步中，EirGrid 将考虑大量潜在的建设计划。EirGrid 也会在论坛（例如在 2015 年举行的区域研讨会）上提出未来电网发展的问题，这些公开会议由 Irish Rural Link 独立主办，旨在讨论 EirGrid 的电网战略。随着电网建设的潜在需求更加确定，EirGrid 的工作范围也会扩大。公司可能会与选举产生的代表会面，或者根据项目的规模成立咨询小组。成立咨询小组的目的是将可能受特定电网建设项目影响的多部门人员聚在一起。根据项目的规模，每个咨询小组的数量和成员会有很大的不同。它包括社区团体领导人、选举官员或特殊利益组织的代表。一旦确认和确定了需求，Eirgird 就会正式启动项目建设流程。

5.2　考虑各种场景的巴西电力系统十年规划

5.2.1　巴西电网背景

巴西的国家互联电网由电压等级从 230kV 到 800kV 不等的输电线路和变电站组成，包括 5 个在运远距离双极高压直流输电项目（HVDC）和 1 个在建远距离双极高压直流输电项目。目前的输电网总长约 13.5 万 km，到 2027 年将增加到约 19.7 万 km。届时，输电网将包括数百个大容量输电设备和一些柔性交流输电系统（FACTs）。图 5-1 介绍了各类电源装机容量的占比。

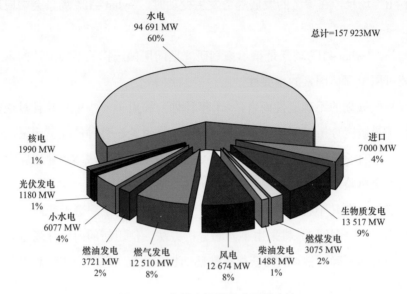

图 5-1 各类电源装机容量的占比

[来源：巴西能源研究公司（EPE），2027 年《十年能源扩展计划》]

《十年能源扩展计划》（来自葡萄牙语 Plano Decenal de Expansão de Energia）（以下简称《十年计划》）是由巴西能源研究公司 EPE（一家负责能源和输电研究的政府公司）编制的一份信息丰富的报告。该报告基于可靠的技术研究撰写，同时考虑了社会需求和个人利益相关方的需求。它有助于决策者获取信息，从政府的角度看待未来的能源发展和输电系统建设。报告通常每年审查一次，涵盖经济、战略和社会方面。它通过调查不同行业之间的发展策略和相互作用，在可靠性、成本和环境方面带来益处。

《十年计划》是基于对未来的假设制定的，对于庞大的巴西互联电力系统来说，规划问题固有的挑战来自它的复杂性。在规划中，不确定性被考虑在内，考虑不确定性因素的一种方式是通过各种场景来代表各个要素的不确定性，并针对这些场景制定"不确定性下"的计划。

因此，能源规划倾向于考虑多种场景。虽然输电网规划还没有完全采用这种形式，但它通常基于基准场景进行。该文件讨论了一种新的方法，即作出一个或多个不确定性因素的参考发展趋势，并对其进行灵敏度分析，生成若干"what – if"场景，在参考的发展趋势发生变动时，"what – if"场景会响应这些变化。

此外，"what – if"场景是指示规划研究期间所做选择的不确定性的重要方式，还可用于评估因素的重要性。

就发电规划的不确定性而言，《十年计划》提出了一些场景并且对这些场景进行了灵敏度分析以评估各种场景的影响，并讨论在每种情况下应采取的措施。最常见的场景要素包括负荷的增长、光伏发电的投资成本、建造新大型水电站的安全风险以及水力条件等。

目前，仅在几个备选方案中提出了"what – if"场景。毫无疑问，在未来的迭代中，《十年计划》将采用不同的分析方法，使用新的前瞻性场景来处理规划中固有的不确定性，从而获得更准确的扩建方案。巴西十年计划中各类电源的发展目标与当前发展现状，见图 5 – 2。

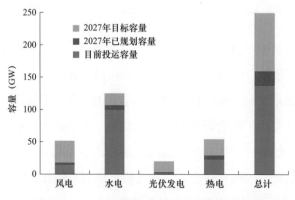

图 5 – 2 2027 年之前的装机容量和发电扩容

输电网规划面临的一项关键挑战是，找到一个确定性的方法来解决由电源扩建引起的不确定性。输电网规划研究还需要考虑一定的灵活性，以适应电源的各种出力状态。

随着间歇性可再生能源的占比越来越高（主要发生在巴西东北部和南部），这一点变得越来越重要，必须制定相关的输电战略，以适应发电厂数量、类型和位置可能发生的变化。为此，电网进行了具体的前瞻性研究来预估新的输电项目，从而整合这些电源。尽管巴西的大部分可再生能源是径流式水电，并不是间歇性的，但它存在年度的不确定性。例如，下一年可能多雨，也可能干旱。

此外，越来越多的输电资产建设因各种原因延期，使我们不得不预测未来输电网的发展。因此，有必要提前进行输电网规划研究，以协调新电厂和相关输电系统开发的时间。换言之，为了避免二者不匹配，有必要采用一种联合策略来协调发电系统和输电系统的发展。

这种考虑前瞻性场景的输电网规划方案被称为"主动性规划"。未来十年经济增长的巨大不确定性对于输电网规划也同样重要。经济的强劲和可持续增长需要更高水平且没有瓶颈的能源供应。这可能对输电网规划产生重大影响，必须适当考虑。

5.2.2 考虑不确定性因素及其益处

基于以上内容以及本书未讨论的其他方面，可以得出结论，在进行输电网规划研究时考虑不确定性将有助于改进系统规划决策水平，提升决策方案的可信度。

《十年计划》还指出，面对未来不确定性的增长（例如具有高度不确定性的可再生能源），需要新的方法与工具来考虑发电与输电的联合不确定性。

EnergyPlan 软件使用多场景的技术。通过分析一些同时考虑负荷和发电不确定性的场景，EnergyPlan 软件可以辅助判断输电网规划的关键要素。

鉴于输电扩建规划的战略性质以及其对主动性以及前瞻性的关注，在未来扩建输电系统的计划需要考虑电源间歇性出力和扩建计划两者的不确定性，从而消纳更多的可再生能源。

最后，由于国家经济状况的变化，负荷增长也需要进行前瞻性规划。例如，可以将负荷增长作为输电网规划中不同场景中的一项不确定性因素进行前瞻性规划。

输电网规划中的不确定因素并不局限于上文列举的几个方面。巴西电网将上述因素作为不确定性的重要来源，并且可能会考虑更多的细节。上文提到的所有因素的不确定性都将会在巴西电网输电网规划中产生显著影响。

5.2.3 从实践中获得的结论和经验教训

电源的扩建要求输电网规划能够满足灵活性的要求，以便为可能签订合同的各类电源实施不同的方案。另一方面，新输电线路从建设到投入使用的时间越来越短，迫使政府需要制定前瞻性的计划来预测新输电项目的需求。因此，必须采取"主动性规划"方法，将供电能力和用电需求可能增加的区域彼此互联。这推动了源网荷协同规划的应用，包括比较不同输电系统对一系列发电场景容纳性。

间歇性可再生能源有关的不确定性对输电网规划的影响也相当重要。因此必须尝试去解决风电调度方案和模式的难题以及提升天气预报工具的精度，这有助于更可靠地探索巴西电源构成中所有种类电源的优势。

尽管场景法可能比其他方法更简单，但在输电网规划中创建场景并利用场景作出知情决策并不容易。场景法中概率规划准则与规划人员传统确定性思维方式的矛盾是场景法在实际规划中没有得到应用的原因。

5.3 伊朗应用的场景聚合技术

与其他区域面临的规划问题一样，伊朗的输电网规划也面临着许多不确定性因素。由于其他方法难以求解以及不确定性无法用概率密度函数（PDF）建模，因此在实际应用中通常采用场景分析技术，如第 4 章所述。在场景分析方法中，每一种不确定性建模方法都对应一种不确定性规划方法。该具体的不确定性建模可以基于期望值准则、鲁棒准则、最小最大后悔值准则等。

采用场景分析法可能会得出投资严重过度的规划方案,特别是在各种场景差异明显的情况下。场景聚合方法提出了一种通过仅确定第一阶段扩建计划来解决此问题的方法。在第一阶段做出的决策在所有场景中都必须相同,而在随后阶段做出的决策在场景子集内部是相同的,但在不同子集间是不同的。因此,规划人员可以确定第一阶段的扩容战略,但后续阶段的解决方案仅是参考性计划,要取决于具体场景。换句话说,规划算法涉及参考性计划这一概念,参考性计划在第一决策阶段共用一个公共的单一决策向量。

场景聚合策略先前应用于电源扩建规划,现在也可以应用于输电扩建规划。图 5-3 描述了该方法的核心理念。假设扩建方案(决策变量)是 $X_t(S_i)$ 的集合,其中 t 表示时间阶段,i 表示场景。聚合策略将不同场景的第一阶段或任何簇(Cluster)扩建方案聚合为该簇的单一折中扩建方案。因此,每个场景子集的第一阶段解决方案是相同的,规划人员只会实施这一阶段扩建方案。

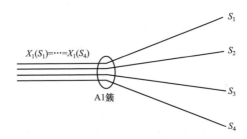

图 5-3 场景聚合概念(四种场景第一阶段聚集为一个簇)

我们采用这种方法为伊朗的一家区域电力公司(Khorasan 区域电力公司(KREC))制定了最优扩建方案。KREC 输电网包括 400kV 和 132kV 电网,其未来的工业负荷和电源扩建方面存在许多不确定性。可再生能源占比非常低,因此未考虑随机不确定性。在我们的模型中,不确定性由基于专家数据的一系列场景表示,而每个场景都是未来不确定性可能呈现的一种方式,包括新的电源和大型工业负荷中心的位置和投运时间,以及现有电厂的退役时间和相邻区域电力公司的潮流交换。提出了未来 10 年的两阶段扩容模型,该模型使总预期成本最小化，包括新建/升级输电项目（输电线路和变电站）的投资成本和KREC 的运营成本。优化问题的公式如下，用遗传算法求解。

$$Min\sum_{s\in S} p_s f(X) \qquad (5-1)$$

约束条件：$X_1(S_1) = X_1(S_2) = \cdots X_1(S_n)$ 和其他技术约束，例如，潮流和 $n-1$ 约束。其中，p_s 是场景 s 的相对权重/概率，f 是目标函数（包括投资和运营成本），X 是决策变量（候选扩容战略）。请注意，将只实施 X_1 规划战略，第二阶段结果将仅为取决于特定场景的参考性计划。通过将结果与经典期望值最小化方法比较，表明场景聚合方法能以低得多的成本找到最优解。在 MATLAB 中执行了优化和其他仿真程序，并使用 DigSilent 软件验证了结果。

5.4 基于运行模拟的中国青海省电力系统典型运行模式选择

5.4.1 背景

电力系统运行模式是指在一定时期内（例如一天、一小时或一个瞬间）由发电机出力、负荷需求、输电拓扑和相应的潮流决定的电力系统运行状态。它与本报告中基于场景的方法中的场景概念一致。运行模式被用作电力系统规划边界条件，来验证装机容量和输电线路是否满足负荷需求。

在过去，这些运行模式/典型模式是根据经验确定的。由负荷或可用发电容量驱动的季节性运行模式（例如，水电站季节性变化）常用于电力系统运行和规划，且经实践证明是有效的。例如，采用高负荷/低负荷运行模式计算安全裕度，可以很好地确定电力系统的特性，同时避免计算全部瞬间数据的繁重计算量。但是，过去由经验确定的运行模式可能不适用于可再生能源占比高的电力系统。由于可再生能源发电固有的不确定性，可再生能源占比高的电力系统的运行模式已经发生了显著变化，更加多样和多变。

在中国青海省电力系统的规划实践中，采用了一种基于电力系统运行模拟数据的数据驱动方法来确定关键运行模式。实践表明，可再生能源占比提高将显著增加运行模式的多样性和时变性。当可再生能源占比为 33% 时，电力系统规划需要考虑至少 7 种运行模式，占比为 40% 时需要考虑至少 10 种运行模式，而不是传统情况下的 3 种运行模式。在可再生能源为主导的电力系统中，运行模式与季节的关联性也更小。

5.4.2　方法

运行模式选择方法包括两个步骤。

（1）考虑多种发电和输电类型的运行模拟模型。首先，考虑现有机组的调试、退役和技术改造，该方法确定了将投入运行的机组。然后，根据维护计划，去除经过大修的机组。最后，确定运行机组及其参数。

然后，确定优化前可确定其出力的机组，包括外送电、核电机组、具有规定出力的机组。在此基础上，对相应的净负荷曲线进行修正。

根据由上述方法随机生成的可再生能源模拟出力数据，确定可再生能源发电出力，再次修正相应的负荷曲线。

最后要做的是优化和模拟剩余机组的运行。除了之前的计算结果外，还需要人工计算各区域的备用容量率、机组的启停成本、输电网约束等参数。

（2）数据驱动的大量运行数据分析。基于通过详细运行模拟得到的大量高维电网运行数据，采用了一种创新的电力系统运行大数据分析方法。数据驱动方法由模拟、预处理、聚类、降维和可视化组成，旨在直观了解高可再生能源占比下运行模式的变化。通过对结果聚类确定了高可再生能源占比下的典型和极端运行状态，还分析了高可再生能源占比的影响机制。电力系统运行模式分析框架如图 5-4 所示。

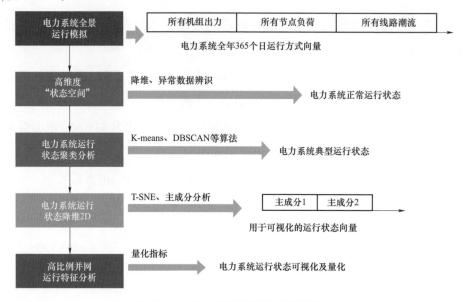

图5-4 电力系统运行模式分析框架

5.4.3 中国青海省的做法

（1）青海省电力系统概述。中国可再生能源占比较高的青海省电力系统中已经应用了上述框架。这项工作得到了国家重点研发计划（2016YFB0900100）的部分资助。共比较了三种可再生能源占比场景：2017年低占比（20%）场景、2020年中等占比（33%）场景和2025年高占比（40%）场景。表5-1列出了在三种场景下青海省电力系统的容量结构、负荷和可再生能源发电（特别是光伏发电和风电）占比。到2025年，可再生能源发电容量占比将从38%大幅提高到64%，特别是光伏发电容量，由于青海省太阳能资源丰富，到2025年光伏发电容量将达到3800MW。青海电力系统约有300条220kV以上的输电线路。到2020年，包括出口到河南省的发电量，总负荷将增加至141.3TWh。可再生能源占比是指间歇性光伏发电和风电发电量占总负荷需求的比例。

青海省电力系统是中国可再生能源占比较高的典型电力系统。因此，了解高可再生能源占比对电力系统运行模式的影响非常重要。此外，根据模拟结果，我们需要找出典型和极端运行模式，以便相应调整规划方案。

表 5-1　　　　　　　在三种场景下青海省电力系统的容量结构、
负荷和可再生能源占比

年份	2017	2020	2025
水电（MW）	1169	1637	1900
火电（MW）	360	510	850
风电（MW）	162	700	1081
光伏发电（MW）	790	2000	3800
光伏发电和风电容量/总容量（%）	38	56	64
总负荷（TWh）	88	141.3	161.3
峰值负荷（MW）	10 000	22 000	25 000
光伏发电和风电发电量/总负荷（%）	20	33	40

（2）青海省电力系统运行模拟结果。在三种可再生能源占比场景下青海省电力系统的电力系统运行模拟结果如图 5-5 所示。在 2017 年低可再生能源占比场景下 [图 5-5（a）]，火电满足基本负荷需求。日间减少水力发电，以配合其他可再生能源发电（主要是光伏发电），在黄昏时迅速增加水力发电，以补偿减少的光伏发电量，在夜间水电满足大部分负荷需求。当负荷增加和间歇性可再生能源占比提高时，光伏发电和风电将在电力系统运行中发挥更重要的作用。如图 5-5（b）所示，2020 年输送到河南省的电能主要由日间的光伏发电和夜间的水电和风电提供。此外，当日间的光伏发电量不足或夜间水电和风电不能满足负荷需求时，需要新疆和甘肃等省份提供外部电能。当 2025 年光伏发电容量增加到 3800MW（接近水电容量的 2 倍，风电容量的 4 倍）时，间歇性可再生能源将主导电力系统运行。如图 5-5（c）所示，日间一半以上的负荷需求由光伏发电满足，几乎不需要外部供电。水电在日间降至最低；因此，利用水库中的蓄水和风电场发电可以很容易地满足夜间的负荷需求。但是，由于部分火电机组需要满足冬季的供热需求，因此火电的灵活性受到限制，在供暖季节可再生能源发电会被大幅削减。

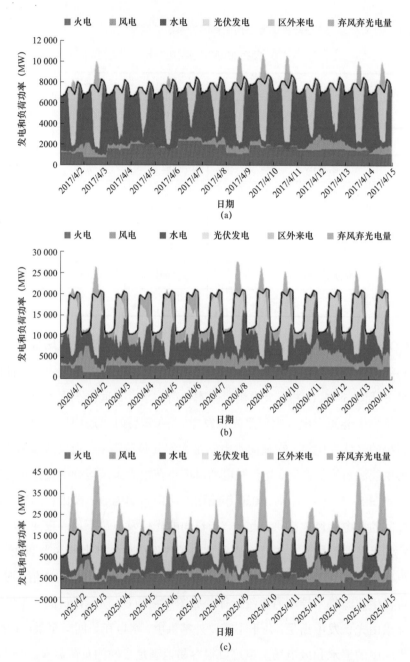

图 5-5　在三种可再生能源占比场景下青海电力系统的小时模拟结果

（a）2017 年低可再生能源占比场景；（b）2020 年中等可再生能源占比场景；

（c）2025 年高可再生能源占比场景

（3）对运行模式的数据驱动分析。图 5-6 给出了青海省电力系统在三种场景下的运行模式及运行模式的时变性。图中的每个点表示一种日常运行模式。如图 5-6 所示，共有 365 种日常运行模式。通过主成分分析去除了冗余成分。图 5-6 以可视化方式显示了两个主成分。点的颜色表示不同的聚类，这些聚类是使用 k-means++ 算法推导而出的。

图 5-6（a）、图 5-6（c）和图 5-6（e）表明，从低占比场景（20%）到中等占比场景（33%）运行模式的分散性急剧升高，但从中等占比场景（33%）到高占比场景（40%）达到饱和。图 5-6（b）、图 5-6（d）和图 5-6（f）表明，从低占比场景（20%）到中等占比场景（33%）运行模式的时变性急剧增加，但在高占比场景（40%）下只是略微升高。随着可再生能源占比的提高，运行模式的数量从 3 种增加到 7 种，然后再增加到 10 种。这些结果表明，在青海省高可再生能源占比情形下，电力系统规划应考虑更多具有代表性的运行模式。

在低占比场景下，根据改进的轮廓系数法得出了 3 种运行模式，分别对应于传统电力系统规划的冬季模式、夏季模式和过渡季节模式。图 5-6（a）表明，同一聚类中的运行模式是集中的，而不同聚类中的运行模式则是明显分散的。图 5-6（b）表明，蓝色聚类、橙色聚类和绿色聚类的分割主要代表季节性变化。运行模式全年只变化 4 次。在这种场景下，电力系统运行模式主要以水电为主，而水电与季节有很强的关联性。同一个聚类中的日常运行模式是相似的。事实上，橙色聚类对应于 2017 年青海的旱季（5、6、10 月和 12 月），而蓝色聚类对应于雨季（7、8 月和 9 月）。因此，数据驱动方法能够识别出日常运行模式中的隐藏模式。

在中等占比场景下，运行模式的数量增加到 7 种。图 5-6（c）和图 5-6（d）表明，灰色聚类、紫色聚类和橙色聚类主要集中在冬季，与其他四个聚类明显分离，而其他四个聚类则难以分离。运行模式在全年频繁变化。根据图 5-5（b），在高占比场景下，光伏发电和水电在功率平衡方面起着重要作用。光伏发电更有可能受到天气变化的影响。例如，云会减少光伏发电量；因此，来自邻近电力系统的功率交换应满足更多的电力需求，增加频繁改变的运行模式。

如图 5-6（e）所示，在高占比场景下，运行模式的分散性和聚类数量都在增加。图 5-6（f）表明，淡蓝色聚类、灰色聚类、紫色聚类和绿色聚类集

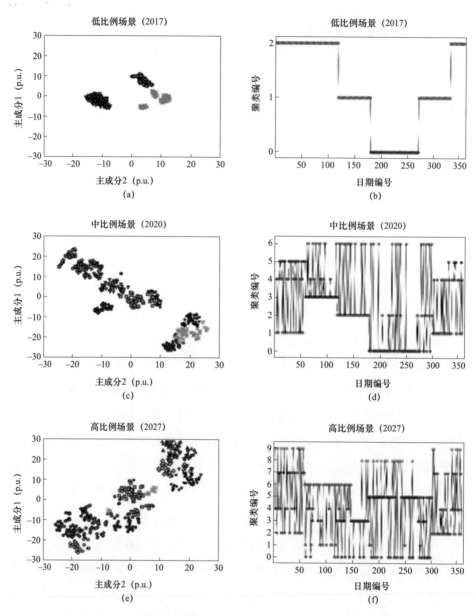

图 5-6　在实际和规划场景下青海省电力系统运行模式的可视化

中在冬季，其他 6 个聚类则集中在春季、夏季和秋季。这意味着同一季节需要更多的运行模式，因此运行模式变换频率也在增加。根据图 5-5（c），在高占比场景下，光伏发电和风电主导电力系统运行。

总之，光伏发电和风电的可变性导致运行模式日益分散。因此，在青海省高可再生能源占比情形下，电力系统规划应考虑更多具有代表性的运行模式。对运行模式的数据驱动分析可以帮助我们根据聚类结果和每个聚类中运行模式的数量来选择典型和极端运行模式。

5.5 得州电力可靠性委员会考虑不确定性的输电网规划

5.5.1 得州电力可靠性委员会（ERCOT）概况

得州电力可靠性委员会（ERCOT）管理 2500 多万名得州用户的供电服务——约占该州电力负荷的 90%。ERCOT 电网是北美三大互联电网之一（其他两大互联电网分别为西部互联电网和东部互联电网），通过 5 条直流线路与东部互联电网和墨西哥电网相连。作为得州地区的独立系统运营商，ERCOT 负责 ERCOT 电网的电力调度，ERCOT 电网连接超过 46 500 英里输电线路和 600 多台发电机组。ERCOT 还负责竞争性大宗电力趸售市场的财务结算和管理竞争性选择区域内 700 万家庭的零售电力购买。ERCOT 是一家会员制非营利性机构，由董事会管理，受得州公用事业委员会和得州议会监督。ERCOT 会员包括电力用户、合作企业、发电商、电力销售商、零售电力供应商、投资者所有的电力公司、输电和配电供应商以及市政所有的电力公司。

ERCOT 电网的可用发电容量约为 78 000＋MW。在过去 15 年间，ERCOT 电网的风电容量显著增加。得州是美国风电装机容量最大的州，2017 年底风电装机容量超过 17.5GW，风电装机渗透率达到 54%。2018 年初风电装机容量超过 21GW，创造了历史最高纪录。除风电外，截至 2018 年 6 月，公用事业规模光伏发电装机容量达到了约 1.5GW，预计未来几年还将增加 2GW。随着可再生能源发电装机容量的增加和天然气价格持续走低，传统的发电组合正在继续改变。2018 年初，超过 4000MW 的燃煤机组退役。图 5-7 显示了过去

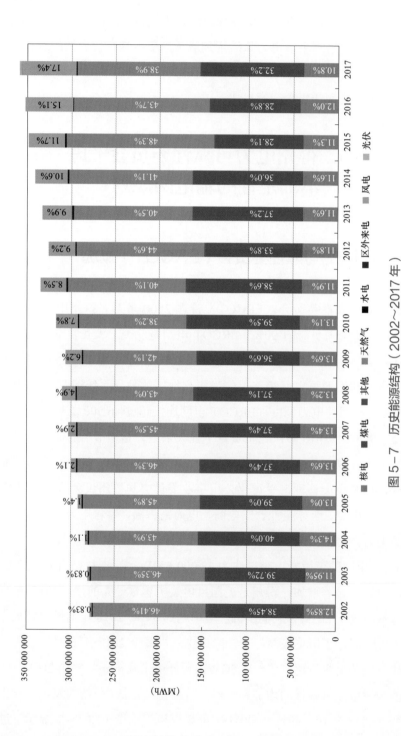

图 5-7 历史能源结构（2002~2017年）

15 年间 ERCOT 电网中能源结构的变化趋势。2018 年 7 月，ERCOT 电网的电力需求达到顶峰，增加至 73，308MW。预计电力需求将以约 1.7%的年平均增长率（AAGR）增长。

5.5.2 　得州电力可靠性委员会在不确定性背景下的输电网规划

ERCOT 每年都会对输电系统进行规划评估。该评估主要基于以下三种研究。

（1）区域输电网规划（RTP）：讨论区域范围内的可靠性和经济输电需求，包括如何有计划地改进以满足未来 6 年需求的建议。

（2）长期系统评估（LTSA）：使用场景分析技术评估未来 15 年内 ERCOT 系统的潜在需求。长期系统评估的作用是为未来输电系统扩建提供路线图，并确定近期规划中应考虑的长期趋势。

（3）稳定性研究：用于评估 ERCOT 系统的功角稳定性、电压稳定性和频率响应。

进行上述输电网规划研究时，使用了代表预期未来输电拓扑、需求和发电量的模型。根据北美电力可靠性协会（NERC）的可靠性标准和 ERCOT 协议和规划指南，根据可靠性和经济规划准则对这些模型进行了测试。当系统模拟结果表明在满足准则方面存在不足时，应制定纠正措施计划；纠正措施计划通常包括规划的输电改进项目。

通常会参考根据工程判断和以往经验确定的夏季峰值和非峰值条件进行输电网规划研究。除了季节性变化外，研究还会涵盖各种敏感性以考虑各种不确定性，例如不同天气模式下的风能、太阳能和需求预测。具体来说，长期系统评估会通过考虑长期输电网规划流程中的各种场景，评估未来 10 到 15 年规划期内输电系统的潜在需求，以考虑未来 6 年后系统规划的内在不确定性。ERCOT 区域规划小组（RPG）的成员通过召开一系列由利益相关方驱动的场景开发研讨会和收集多名行业专家的意见（有关行业趋势、监管政策、新技术和其他影响电力行业的不确定性）来开发不同的未来场景。基于利益相关方在场景描述中设定的假设和指导方针进行长期系统评估，可以确定在一系列场景中皆具有可靠性的升级方案，或确定可能比仅考虑近期需求确定的升级方案成本更低的方案。基于共同开发场景的输电网规划有助于提高规划的透明度；提高未来场景最相关驱动因素的可信度；将未来场景转化为规划假设；及发现风险缓解机遇，以降低在某些场景下产生极高成本的可能。虽然在稳态规划评估中可以考虑系统中的不确定性，但在动态稳定性研究中考虑相同程度的不确定性更具挑战性，这主要是因为有动态模型可以模拟未来发电机和负荷的特性。

除了规划评估外，ERCOT 还进行了一项研究，来估算经济最优备用容量（EORM）和市场均衡备用容量（MERM）。许多敏感性分析是通过随机模拟许多场景来进行的，以确定与过去 38 年的历史天气、负荷形状、风廓线和太阳辐射廓线、经济负荷预测误差和机组停运等变量有关的备用容量值的不确定性范围。这么做的主要好处是，研究提供了一种量化典型和极端系统条件的可靠性影响的方法。不确定性的概率分布通常会对结果产生很大影响。因此，围绕概率分布进行一些敏感性分析是有益的，因为通常很难确定概率分布。

发电、输电、需求和标准的日益复杂，给输电网规划人员带来了越来越多的挑战，使输电网规划人员必须要比传统通过工程判断和敏感性分析采用的方法更加严格地考虑这些问题。在系统条件不确定性日益增加的背景下，仅使用确定性规划方法严格选择要研究哪些场景本身就是一项挑战。需要使用能够考虑不确定性的概率规划方法来有效地选择可信的场景，以研究对输电系统造成压力的各种条件。同样，当存在大量难以控制的要素组合时，仅使用确定性规划方法来确定哪些事件对系统影响最严重也是一项困难的任务。在这种情况下，能够同时考虑事件可能性和严重性的概率规划方法对确定哪些事件会导致最严重的系统影响是很有必要的。虽然概率规划方法背后的理论已经存在多年，但由于停运统计数据的可用性、计算限制、缺乏商用软件以及缺乏判断分析结果的标准或准则，概率规划方法目前还未广泛用于输电网规划。

为了应对日益增加的不确定性和不断演变的标准，ERCOT 将继续努力改进输电网规划流程，通过系统规划应对挑战。为此，除了开发组合电力系统概率输电网规划的框架和方法外，ERCOT 还参加和参与了各种行业活动和研究项目。

5.6 可再生能源不确定性对泰国输电网规划的影响

5.6.1 电力系统规划背景

在泰国，输电网规划（TEP）由泰国国家电力局（EGAT）进行。应该注意的是，泰国国家电力局是一家国有企业，目前作为输电系统运营商（TSO）从电力局所有的电厂、独立发电商（IPP）和小型发电商（SPP）处购买电力。电力被输送至配电公司（首都电力局（MEA）和省电力局（PEA）），最后出售给用户。供电行业（ESI）的所有活动必须符合能源部（MOE）政策和总体计划的要求，并受能源监管委员会（ERC）管理。

总体来说，泰国国家电力局对输电系统资产全周期负责，即规划、工程设计、采购、施工、运行和维护。所有业务流程必须符合能源行业的三个总体计划（即主要涉及发电扩容的《电力发展计划》（PDP）、与可再生能源（RES）政策相关的《替代能源发展计划》（AEDP）以及与能效方案和能源部推广的需求响应措施相关的《能效计划》（EEP））规定的政府政策。基于总体计划以及规划期内变电站负荷预测，可以制定《输电发展计划》（TDP）。《输电发展计划》将被用作编制输电系统扩建计划（TSEP）的基础方案，因此并不是最佳计划。EGAT 每年根据系统要求实施输电系统扩建项目。输电系统扩建计划的详细信息包括工作范围、技术可行性研究、成本估算、最低成本研究和经济/财务可行性研究。

为了保证输电系统能够全面应对电力需求的增长，必须对电力系统进行全面的分析。因此，输电系统扩容项目的技术可行性研究通常包括潮流分析、短路分析和暂态稳定性分析（有时会进行电磁暂态研究）。电力系统分析通常会考虑三种场景，即峰值负荷场景、日负荷场景（中等负荷）和低负荷场景。根据规划准则验证系统的可靠性（充裕度和安全性）。在意外事故分析中，考虑了确定性 $N-1$ 意外事故。如果现有输电系统在规划期内无法满足需求，规划人员将提出一系列候选输电扩建计划来提高系统可靠性。这可能导致 3个或更多候选计划。所有这些计划都必须提高系统的可靠性水平，以符合稳态和动态方面的规划准则。在完成技术可行性研究后，可以确定所有候选计划的投资成本和相应的运营成本。然后从一系列候选计划中选择一个最低成本计划。最后，评估项目的经济和财务可行性。此外，还应进行敏感性分析，以考虑一些影响项目可行性的不确定性参数。泰国输电网规划的总流程如图 5-8所示。

5.6.2 将可再生能源纳入输电扩建规划

根据《2015～2036 年新能源发展计划》（AEDP 2015—2036），到 2036 年，可再生能源装机容量将增至 19 684.40MW，其中超过 9000MW 容量将由光伏电站和风电场提供，它们均属于间歇性可再生能源。《2015～2036 年新能源发展计划》的详细信息如表 5-2 所示。

将可再生能源纳入输电扩建规划时，不确定性将从以下两个方面影响最终结果。

（1）来自项目周期的长期不确定性：尽管《2015～2036 年新能源发展计划》中规定了可再生能源装机容量，但总体计划仅给出了长期愿景。总体计划旨在为决策者提供指导方针。项目实施细节以及可再生能源发电厂的位置将在后期（根据政府的推进方案）评估。根据以往的经验，只要政府迅速推进，可再生能源项目可以在短时间内开发。因此，在这种情况下，由于在泰国获得线路走廊存在限制（特别是在泰国的城市地区），而且输电线路的建设周期可能会比

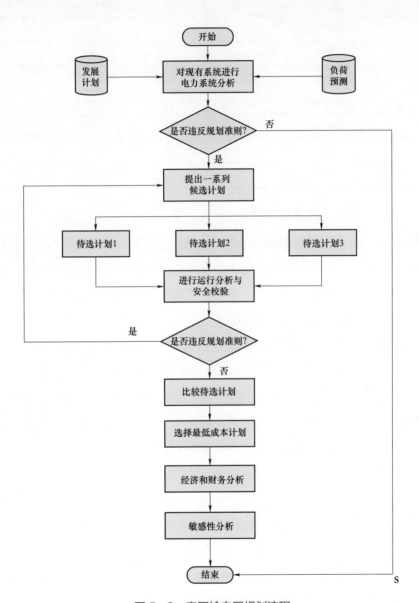

图 5−8　泰国输电网规划流程

表 5-2　　　《2015～2036 年新能源发展计划》的详细信息

类　　型	装机容量（MW）
光伏发电	6000
风电	3002
生物质发电	5570
沼气发电	1280
垃圾发电	550
水电	3282.4
合计	19 684.4

可再生能源发电项目的建设周期长，输电扩建项目可能无法完全满足可再生能源发电项目发电量的输送需求。此外，输电系统建设应至少提前 5 年（在系统要求之前 5 年）。因此，可能出现这种情况——即使在输电系统建设的 5 年期间政府推广可再生能源发电项目，也可能延迟开发可再生能源发电项目。从规划人员的角度来看，这就出现了不确定性。

（2）来自可再生能源发电量的短期不确定性：可再生能源发电量通常取决于天气条件。因此，很难预测电力系统分析考虑的负荷场景下的发电量。此外，可再生能源是不可调度的。可再生能源的短期间歇性可能导致显著偏离规划人员预期的运行工况。因此，从输电系统的角度来看，它会导致净负荷曲线（电力需求减去可再生能源发电量）的不确定性，从而影响输电扩建规划。

为了将长期不确定性因素纳入输电网规划流程，我们必须计算规划期内每年各区域的可再生能源装机渗透率情况。计算的最大允许装机渗透率根据《2015～2036 年新能源发展计划》和可再生能源潜力确定，例如，光伏电站的总装机容量可根据太阳辐照度和土地利用政策估算。此外，在计算最大允许装机渗透率时，应考虑对每座变电站的需求，以防止配电系统向输电系统反送电能。在估算了每年各区域的最大允许可再生能源占比之后，我们可以在敏感性分析中使用这些信息来研究可再生能源的长期不确定性对项目可行性的影响。

对于短期不确定性因素，电力系统分析应考虑可再生能源发电量的随机性，特别是光伏发电和风电。为了考虑这一特性，在计算可再生能源的典型发电量时，将对从可再生能源发电厂处收集的历史发电量数据进行统计分析。然后，结合这些发电量和负荷曲线，生成净负荷曲线，这些净负荷曲线随后被用于生成电力系统分析的各种负荷场景，即峰值负荷场景、中等负荷场景和低负荷场景。

由于可再生能源占比会影响输电网规划，考虑可再生能源这一不确定性因素将使规划人员了解可再生能源对资本支出（CAPEX）的影响以及对电价的影响。根据一系列假设模拟可再生能源占比变化的敏感性分析，可以量化益处。通过选择合适的输电扩建计划，可以达到节约成本的目的。对于更加细化的研究，规划人员可以进行综合分析，以从技术和经济/财务可行性角度评估可能影响系统性能的风险。

5.6.3 从实践中获得的经验教训

在泰国，有一项关于可再生能源不确定性影响输电系统发展的有趣案例研究。在过去 10 年里，泰国发展可再生能源的总体计划和方向相当模糊。因此，电力公司没有足够的信息来预测规划期内的可再生能源发展水平。尽管我们可以预见未来将开发越来越多的可再生能源发电项目，但输电系统投资决策不能基于高可再生能源占比假设，因为这将导致过度投资，进而影响电价。因此，在进行电力系统分析时采用了中等可再生能源占比场景，没有有关可能替代场景的信息。

当政府通过使用特殊的电价结构［即电价补贴（Adder）和上网电价（FiT）］迅速推广可再生能源发电项目时，某些可再生能源发电项目（例如光伏发电项目）的总电价（包括电价补贴）可能超过 30 美分/kWh。这一政策吸引了众多投资者。因此，在高潜力地区有很多可再生能源发电项目。例如，在泰国东北部，由于太阳辐照度高，开发了若干光伏发电项目。日间的发电量很高，但用电需求很低。多余的电能通过互联输电线路送入邻近地区，造成了过载问题和广泛的暂态稳定性问题。

为了解决这一问题，电力公司迅速作出反应，提出在广泛开发可再生能源发电项目的区域（例如泰国东北部）改进输电系统。值得注意的是，在泰国，由于在获得输电线路走廊方面存在限制，可再生能源发电项目的开发期远远短于输电系统的建设期。因此，在建设新线路之前，会因输电系统不足导致系统安全性问题。尽管采取了一些运行措施来提高系统的安全性，但仍有一些可再生能源发电项目无法投入运行，降低了系统灵活性，提高了运行成本。因此，一些可再生能源发电项目不得不推迟到输电系统项目完工后才开工。

获取的经验之一是：关于可再生能源开发的信息应该提前很长一段时间准备好。在考虑可再生能源开发潜力时，应同时考虑各区域现有电网容量和用电需求之间的协调性。在规划阶段，政策制定者和电力公司应密切合作以共享规划信息，这些信息将用于确定规划期的可再生能源开发场景。在进行电力系统分析时应参考这些规划信息，同时恰当考虑不确定性。这样，才能制定适当的输电网规划，支持政府的可再生能源推广政策。

5.7 法国的大西洋海岸地区研究

5.7.1 研究背景

"大西洋海岸地区"（Façade Atlantique Area）预计将在 10 到 15 年内成为法国 400kV 电网最薄弱的地区之一。

考虑到新建一条线路（特别是架空线路，如有必要）所需的时间，评估该地区的预期潮流和意外情况（及其鲁棒性）以预估是否需要加强电网很重要。如果不需要加强——或者"也许不需要加强"——则应该监测两个互为补充的要素：约束程度有多大（是否有裕度？）；约束的决定性因素是什么？

大西洋海岸电网连接法国北部、英国和爱尔兰（得益于现有和未来互联线路）以及西班牙（除 2GW Cubnezais – Gatica 高压直流互联线路外，未来还将在西班牙建设一条高压直流输电线路）。它周围有许多核电站，这些核电站的发电量甚至本身的存在对大西洋海岸电网的负荷水平有着巨大的影响。《法国可再生能源方案》正计划提高大西洋海岸地区的可再生能源发电占比。

根据上述情况，政府很快发现"常规研究"并不合适。首先，取决于政治决策（英国、爱尔兰和法国的可再生能源、关闭法国核电站）和欧洲市场一体化政策（有多少互联线路，在哪里？），未来的可能性太多。其次，天气条件对电网的影响不能再局限于温度：只研究特殊点（例如峰值用电量）是不够的。因此，必须采用新的研究方法。

5.7.2　需考虑的不确定性因素

法国输电网公司（RTE）每两年进行一次研究，并将研究成果"Bilan Prévisionnel"公布于众。研究目标是：① 评估短期（2 年）电力供需平衡的充分性；② 确定若干可能的长期能源场景（在进行研究时，2035 年有 5 种场景，2030 年有 4 种场景）。这些场景（经过调整后）构成了法国输电网公司长期研究的基本假设。

大西洋海岸研究模拟了 2014 年 Bilan Previsionnel 规定的 3 种基本场景。

（1）场景 A：低增长（用电增长少，核电占比保持不变仍为 70%，可再生能源发电占比 30%）。

（2）场景 C：多样化（法国的能源结构开始变化）。

（3）场景 D：新发电能源（新能源结构，核电仅占 50%）。

此外，大西洋海岸研究还考虑了 2016 年 Bilan Presisionnel（刚刚结束）中提出的两个场景。一些假设来自这两次研究的结果。

每种场景都有不同的变型，以考虑到未来更多的可能性：① 核电站关闭的不同位置和顺序；② 欧洲市场一体化下不同数量和容量的线路互联。这两种假设都会对电网故障分析造成影响。

最终计算了 14 种场景，以确定与可再生能源结构和欧洲市场一体化后果相关的不确定性。这些场景也可以按照时间维度解释，如图 5-9 所示。

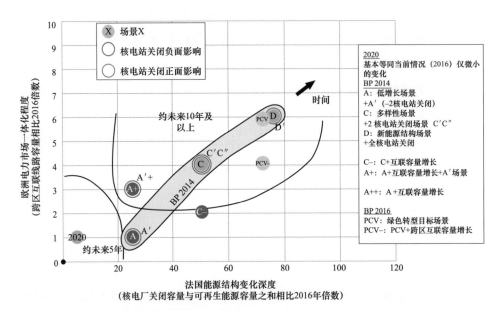

图 5-9　与能源结构改变情况（x 轴）和欧洲市场一体化（y 轴）相关的场景

5.7.3　需考虑的气象灾害

此外，在给定场景（即能源结构）下，依赖于天气的风电和光伏发电等项目的发展提高了气候不可预测性对系统的影响（除水流量和温度外，还有风力和太阳辐照度）。这就需要具备很强的建模能力来识别电力系统中的风险现象。因此，法国输电网公司制定了各种方法，在"区域级"以及"地方级"考虑所有必要的假设（负荷、陆上和海上风电、光伏发电、水电、火电、抽水蓄能发电、其他发电等）。

对于可再生能源，可以结合传递函数使用 200 种气候场景（温度、风速、云层覆盖影响太阳辐射）（每 50km 划分一个网格），具体取决于可再生能源技术和当地的特征。

除天气条件外，火电厂的可用率对发电和负荷也有很大影响：每年的情况并不总是一样的。计划停机可以安排在一年中的不同时段，而无法预料的强迫停机可能随时发生。使用蒙特卡罗方法建模，将气候场景简化到了 12 种。

然后对大量的模拟数据（14 种未来可能性 × 12 种气候场景 × 每年 8760h）进行分析，以确定意外事件的后果和发生概率。

5.7.4 使用这种方法的好处

当做出增强电网决定时，有两件事很重要：它是否是对约束的准确回应？增强电网的时机是否适当？

通过模拟 14 种场景，我们得出了以下结论。

（1）不同的场景（以及能源结构变化情况）不会导致相同的解决方案。

（2）现在并不急于决定是否要深度增强电网：特别是当我们从时间维度考虑各个场景时，电网具有裕度。

（3）应更密切地监测是否需要建设特定线路（通过计算及考虑地理条件），输电线路可以在以后逐步完善。

（4）如果未来基于电力电子技术的柔性控制设备可以在 225kV 和 400kV 电网中广泛投用，则对 400kV 电网的容量扩建可以推迟。

因此，我们可以制定一些比深度增强方案成本更低的计划。

5.7.5 吸取的经验教训

如上所述，共分析了 14 种场景，这 14 种场景涵盖能源结构、欧洲市场和负荷增长。每一种场景都给出了大量的结果，而如何解释这些结果一直是一项难题。

我们确信，我们需要使用一些具体的方法和工具来确定选择做什么（或不做什么）：其中一些方法/工具涉及数据挖掘和统计科学，另一些则涉及准确的决策支持方法。我们使用了最小最大后悔值法和实物期权法，但这还不够：所有场景的概率并不相同，事实上，我们无法准确量化任何给定场景的概率。还需要探索其他理论。

由于现在有了新的解决方案（包括不建设方案），我们现在并不急于做出决定。这些方案很好地考虑了不确定性：它们可以提供模块化的演进方向，可能是"好的解决方案"，之后可能成为"好的解决方案"，甚至可能是"迟来的好解决方案"。但无论如何，总比冒险的"早期解决方案"好。

第6章

实用规划软件介绍

6.1 Antares 和分区规划方法

6.1.1 Antares 简介

Antares 是一个可以重现大型互联电网在一年内的最佳运行方式的序贯蒙特卡洛模拟器,其时间分辨率为一小时。在运行模拟的每一个阶段,模型通过最大限度降低整个系统的运行成本来进行经济性优化。这些运行成本包括常规运行工况下的燃料成本、启动成本、无负荷热成本以及碳排放成本。优化目标受到发电机组、线路容量和网络方程等方面的约束。Antares 示意图如图 6-1 所示。

蒙特卡洛模拟还包含了一个外环,可以针对特定的气象条件(风况、日照、温度和降雨等)和技术事件(系统组件的计划停运和强迫停运)场景进行为期一年的分析。

模拟器的输出结果包括每个蒙特卡洛年中小时级的所有数据:① 每个发电厂(或发电厂群)的发电量;② 每条互联线路或每个联络走廊的潮流;③ 发电量和产生的成本;④ 系统每个节点/区域的节点边际电价(LMP);⑤ 互联线路的阻塞成本和边际收益。

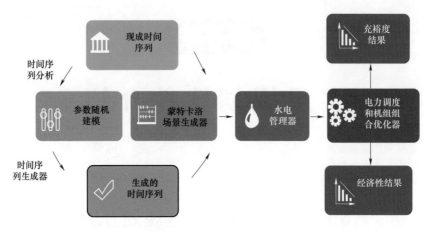

图 6-1　Antares 示意图

关于建模选项、算法、解析方法以及实际应用的更多信息可参考相关文献。

6.1.2　分区方法

随着整个欧洲范围内的电源结构快速变化，欧洲一体化市场的建立以及互联系统的升级，长期电网规划研究的范围不断扩大。

法国输电网公司过去用来评估潮流、阻塞和电网升级要求的常规方法基于"市场"研究和后续的详细电网研究。从长远来看，这种两步法存在以下缺点。

（1）从国家层面向节点层面分配电量的难度大，尤其是当可再生能源发电量占比较高时。

（2）功率交换的简化商业建模不适合长期规划。

（3）时间约束限制了可以深入分析的场景的范围。

面对这些难题，法国输电网公司基于分区法提出并采用了一种适用于长期规划的新方法。这种方法将欧洲分成若干个区域。在区域层面上进行发电量和需求假设，同时计算出区域之间的等效简化电网。然后，针对每一电源结构场景，在各种技术和气候条件下进行概率模拟，对多个可能的气候年份的 8760h

进行逐时计算。假设由此得出的简化交流电网（见图 6−2）遵循基尔霍夫定律：
① 严格遵守基尔霍夫第一定律。② 要求为每条等效线路分配一个阻抗，以满足基尔霍夫第二定律（又称回路电压定律）。

建模中额外增加了一个参数：每条等效线路都承载一个初始/结构环流，其中考虑到了每个集群/区域内负荷和发电量之间可能存在的不平衡情况，作为分区阶段的结果。此外，也可以为每条等效线路分配一个最大输电容量（有向的、季节性的）。阻抗和环流可以通过求解一个优化问题来设置。

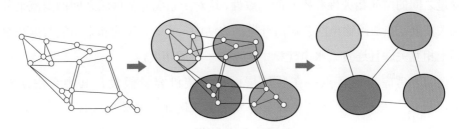

图 6−2 从节点法到分区法的原理

分区阶段以一个预期减少系数为指导。从拥有 5 千到 1 万个节点的欧洲电网开始，我们的目标是将系统划分为不超过 100 个区域。分区标准需要在以下方面进行平衡。

（1）值得关注的电网部分：在分区法中，只能在区域间进行潮流和约束分析。因此，区域间必须设置有在至少一个所考虑的场景或范围下受到约束的线路或者从宏观角度来看有意义的线路。如果研究不仅仅是对潮流进行技术评估，还旨在提供管理方面的结果，那么在进行分区时就应该考虑到这一点。

（2）能够保证发电量和负荷假设可靠性的粒度。这就要求较大的分区：分区越细（例如：若干个小区域），假设导致的不确定性越高。换句话说，基于不确定假设进行的准确计算可能会导致精度出现偏差。

（3）潮流评估的准确性。划分的区域越小，潮流估算越准确。

各种电源结构场景应采用相同的区域划分，以便于针对结果进行比较。

法国输电网公司已经开发出了多种用于在区域层面建立所有所需假设（负荷、陆上和海上风电、太阳能发电、水电、火电、抽水蓄能以及其他能源）的方法。这些过程在此不做详细描述，此处仅给出一些通用的原则。

（1）可再生能源开发中气候数据库的重要性：为了在区域层面上对可再生能源发电量或负荷（对温度敏感的）进行正确建模，需要有一个可靠且完整的气候数据库，用以提供当地数据。

（2）空间和模式间相关性的整合：借助气候数据库，我们能够考虑到气候变量之间的空间相关性和模式间一致性，这对于正确评估区域之间的潮流来说至关重要。在法国输电网公司所开发的方法中，负荷、风能和太阳能数据在空间上相互关联且连贯。水电建模中也考虑了空间相关性。

（3）考虑当地特点：在区域层面进行装机容量假设，其中考虑现有装机容量、未来预期容量和剩余开发潜力（例如，多风地区风电开发潜力更大）。此外，还通过历史数据或气象数据，考虑了发电量和负荷曲线的差异。

（4）Hazards 灾害的建模——蒙特卡洛法：除了气象条件外，火力发电厂的可用性对发电量和负荷也有很大的影响。因此，必须考虑到各种危害以及它们之间的关系，从而确保结果的可靠性。

6.1.3　结果说明

本部分基于法国输电网公司在《发电充裕度报告》（Generation Adequacy Report，GAR）中构建的场景，采用分区法对过负荷和瓶颈进行了宏观分析。此处说明基于 2014 年报告中提出的两个长期场景（2030 年）："低增长"场景和"新组合"场景。对于法国，这两种场景的主要参数见表 6-1。

表6-1　　　　　　　　"低增长"和"新组合"场景的概括信息

场景类型	消耗 （年需求量，TWh）	可再生能源 （占年需求量的 百分比）	核能（占年需求 量的百分比）	区域互联 （平均外来 容量）
"低增长"场景	低（448TWh） （人口变化小、需求增长 低、能效中等）	低（29%）	高（70%）	中（16GW）
"新组合"场景	中（481TWh） （人口变化中等、需求增 长中等、能效高）	高（40%）	中（50%）	高（24GW）

如图 6-3 所示，展示了分析所采用的法国分区情况。

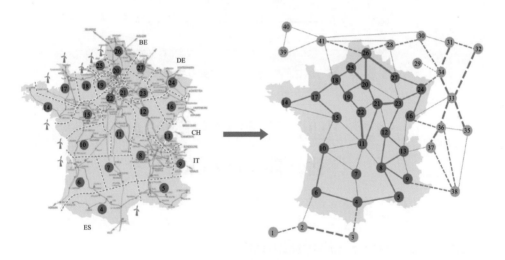

图 6-3　法国分区情况

将前述分区假设和等效电网上传至法国输电网公司开发的 Antares 系统模拟器中。根据负荷-潮流模拟结果，对两个主要指标进行定义，用于对约束条件进行分析。

（1）区域之间起作用约束的频率（单位：%）。

（2）约束的严重性（起作用约束的频率乘以平均过负荷水平）。

图 6-4 解释说明了某一给定区域间输电走廊的起作用约束发生频率和严重性，展示了"新组合"场景中区域间线路 10-15（沿大西洋海岸）的起作用

约束发生频率和严重性，其中正值表示潮流从 15 流向 10。

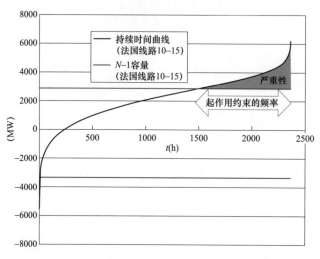

图 6-4　某一区域间输电走廊的约束发生频率和严重性

6.2　电网可靠性和充裕度风险评估软件（GRARE）

6.2.1　GRARE 的角色和功能

　　GRARE 是 Terna 公司开发的一款用于中长期规划研究的计算机工具，尤其适用于评估大型电力系统的可靠性。GRARE 基于精细化的输电电网模型和蒙特卡洛概率分析，对一年内的电力系统运行情况进行模拟，其中考虑了大量随机确定的系统配置。GRARE 利用高性能多线程代码进行开发，集成在 SPIRA 应用中。SPIRA 的用途是基于电网数据库进行稳态分析（例如：负荷-潮流、短路、最优潮流、电能质量）。

　　运行模拟的主要目的是对期望缺供电量（EENS）这一风险指数进行评估。期望缺供电量表示由于发电或输电系统不可用所导致的供电短缺的负荷期望值的年平均值（单位：MWh/年）。

由此得出的风险指数是"静态"的，因为其没有考虑系统中发生故障时的动态过程。

除此之外，GRARE 还对与期望缺供电量相关的另外两个指数进行评估。

（1）缺电概率（LOLP），即不能满足每周峰值负荷的概率。

（2）缺电时间期望（LOLE），即不能满足负荷需求的期望持续时间（小时/年）。

GRARE 可以用于研究含有不同类型电源的电力系统，例如不可调度发电的发电厂（独立发电商、径流式水电站、地热发电站、核电站、抽水蓄能电站等）、可调度发电的发电厂（传统火电厂和燃气轮机发电厂）以及不可控的可再生能源发电厂。

6.2.2　不确定性因素及其实现方式

GRARE 程序涵盖以下不确定性因素。

（1）故障模型的不确定性：电网元件的故障是指导致其无法运行的意外且完全随机的事件。故障模型应用于组成系统的 N 个元件（线路、变压器和发电机），其中为每个元件分配一个故障概率 μ。通过从 0 至 1 之间随机抽取 N 个数随机创建样本：如果该数小于 μ，则认为该元件处于运行状态；否则认为元件处于停运状态。

这些元件在统计上是相互独立的，其两种状态的组合会产生 2^N 种可能的系统配置。

（2）光伏发电和风电模型的不确定性：在 GRARE 中，风电场和光伏发电站发电量的不确定性与天气的不可预测性相关，由概率分布函数进行描述。

最终的风电与光伏出力按照下列方式计算：① 每个光伏阵列/风力发电机组的每小时理论发电量（通过图表定义）通过乘以电站的生产率（基于相关生产率的概率分布图表从 0 至 1 之间随机采样）进行换算。通常，这些图表按照地理区域和一年中的时间进行区分，以便将天气条件的多样性纳入考虑。② 电站内不同位置相对于其自身的生产率而言具有统计意义上的不同，可以通过相对于电站自身偏差的适当密度概率分布进行建模。就这些偏差而言，每个位置与相邻位置在统计上相互独立。

（3）负荷不确定性：每个给定的负荷都有一个小时级的年度曲线。每个负荷也可以关联多条负荷曲线，为每条曲线分配一个概率权重。通常每个负荷关联的曲线数量将不超过六个。

（4）水力发电场景：支持最多三种水力场景。对于充裕度分析来说，通常使用枯水、平水和丰水这三种场景就足以进行概率描述。

6.2.3 GRARE 的优势

GRARE 主要用于在大型电网研究中，通过蒙特卡洛方法进行概率分析，其采用市场区域出清算法和节点边际电价算法。GRARE 能够将电力市场解决方案与实际的直流潮流相结合，并使用 Sauer 方法准确估计电压等级。GRARE 能够通过考虑所有电网分支限制的最优调度来解决可能的电网瓶颈。GRARE 能够估计分析的每个步骤的成本和可靠性指数，并给出总体结果和逐时结果（见图 6-5）。此外，GRARE 能够估计收敛状态，并根据微扰理论来估计如果我们扰动给定 ε 的不确定性，结果会发生多大的变化。

GRARE 采用低级编程语言和多达 128 个线程的多线程实现，因此运行速度非常快。GRARE 基于线性和二次规划（LP/QP）求解器，但不包括混合整数线性规划（MILP），因为后者对于蒙特卡洛方法来说运行速度不够快。GRARE 使用开源求解器（例如 GLPK 和 CLP）或者商业求解器——XPRS。

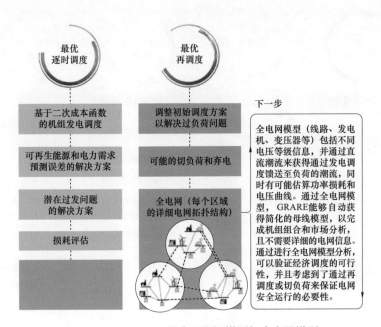

图 6-5 GRARE 整合了市场模型与全电网模型

6.2.4 GRARE 在电力系统规划中的应用示例

GRARE 专门为大型电力系统的技术分析而设计，尤其适用于电力系统的发电和输电充裕度评估（见图 6-6）。GRARE 也可以用于估算可再生能源并网的最优水平，以及通过测量供电安全、电网过负荷、可再生能源并网、电网损耗、二氧化碳排放量和过发电等进行成本效益分析，决定是否对电网进行升级。

GRARE 能够运用概率法计算两个市场区域之间互联线路的总输电容量，通过可靠性期权估算容量补偿机制带来的发电收益。GRARE 可以通过确定新电厂的容量来检验新接入点的盈利能力。

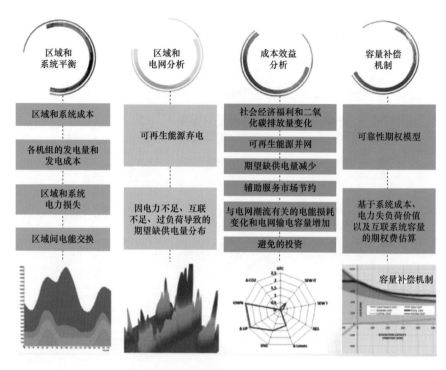

图 6-6 GRARE 用于电力系统规划

6.3 多区域可靠性模拟（MARS）和
多区域发电模拟（MAPS）

安大略省独立电力系统运营商（IESO）使用多个行业标准软件包进行电力系统规划和分析，其中包括通用电气（GE）的 MARS。GE-MARS 通过序贯蒙特卡洛模拟对缺电时间期望、损失电量期望等可靠性指标进行计算。

安大略省独立电力系统运营商使用 GE-MARS 进行中长期资源充裕度评估（1~20 年）。安大略省采用的是东北电力协调委员会（NPCC）的资源充裕度评估标准，该标准规定："因资源不足导致固定负荷断电的缺电时间期望平均每年不得超过 0.1 天"（NPCC Directory #1）。GE-MARS 用于计算安大略省

1～20 年的缺电时间期望。此外，GE－MARS 还可用于评估满足东北电力协调委员会资源充裕度标准所需的资源。

安大略省独立电力系统运营商的 GE－MARS 模型中包含许多不确定性：负荷预测的不确定性、发电机组强迫停运以及波动性可再生能源发电。GE－MARS 采用逐时序贯蒙特卡洛模拟对大量可能的负荷和供应条件组合进行建模（见图 6－7）。

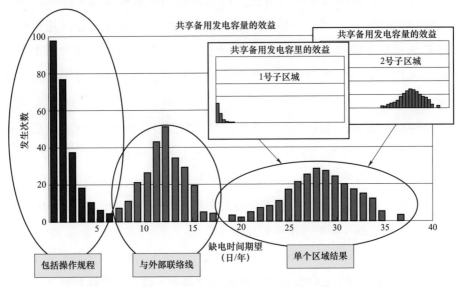

图6－7　多区域可靠性分析能够识别特定地点的可靠性差异

负荷预测的不确定性以月度负荷水平分布的形式输入系统，每个负荷水平都有一个指定的概率。GE－MARS 中采用的负荷预测的不确定性表示因天气原因导致的负荷的不确定性。经济不确定性及其对负荷增长的影响通过使用不同的负荷预测来体现，但未对其进行概率加权。对于因天气原因导致的负荷预测的不确定性，基于过去 31 年的气象数据来确定可能负荷水平的分布。在蒙特卡洛模拟中，程序会随机为每次迭代选取一个负荷水平，并根据该负荷水平的出现概率进行加权。

模拟中考虑了安大略省火电机组（核电、燃气发电、生物质发电）的强迫停运。安大略省独立电力系统运营商采用 MARS 中定义的等效强迫停运率

（EFORd）。火电机组的等效强迫停运率根据每台机组过去五年的运行数据计算得出，并通过两个表格导入到 MARS 中。第一个表格定义了每台机组可能的容量状态。一般来说，最大的核电机组和燃气机组有四种状态，而较小的燃气机组和生物质机组有两种或三种状态。第二个表格定义了每个小时内机组从一种状态切换至另一种状态的概率。在蒙特卡洛模拟中，火电机组会在可能的容量状态之间随机切换。

风力发电和太阳能发电的可变性通过随机切换模拟曲线来体现。对于风力发电的可变性，模型中导入了十个模拟的历史发电年。每次迭代时，会随机选择一个模拟的风力发电年。对于太阳能发电的可变性，模型中只导入一个模拟的历史发电年。每次迭代时，模型会随机选择每个月包含哪些天。

GE－MARS 是一款行业标准软件。对于安大略省独立电力系统运营商来说，该软件的优势是东北电力协调委员会在进行区域评估时也采用这款软件。安大略省独立电力系统运营商将 MARS 模型提供给东北电力协调委员会进行区域互联研究。与东北电力协调委员会采用相同软件的好处很多，因为这样一来就不用定期更新和维护多个资源充裕度模型。

除了帮助东北电力协调委员会进行区域互联研究之外，安大略省独立电力系统运营商还将 GE－MARS 评估的输出和结果用于以下常规规划研究。

（1）安大略省备用容量要求。一项关于五年备用容量要求的年度研究，其中要求备用容量（以年最大负荷百分比表示）能够实现年度缺电时间期望不超过 0.1 天。

（2）东北电力协调委员会资源充裕度综合/临时审议。一项关于 3～5 年内年度缺电时间期望的年度研究，以验证符合东北电力协调委员会的要求。

安大略省独立电力系统运营商发布了一个三年规划展望，给出了对预测系统容量要求以及其他参数的 20 年展望。在该规划展望中，所有场景中的容量要求均通过 GE－MARS 确定。

6.4 电力规划决策支持系统（GOPT）

6.4.1 GOPT 的基本功能和应用现状

GOPT 是由清华大学电机工程与应用电子技术系经过将近 20 年的探索和研究后开发出的一款电力系统规划软件。该软件的用户界面如图 6-8 所示。与现有的规划软件相比，GOPT 已在理论和实用性上有其独特的特色和创新性。其突出特点是理论和算法严谨、计算速度快、建模精细、分析全面、用户界面友好且操作简单。目前，GOPT 已在全国 20 多个省级电力规划机构中得以广泛应用，包括广东电网有限责任公司电网规划研究中心、海南电网有限责任公司电网规划设计研究中心、广东省电力设计研究院、云南省电力设计院等。

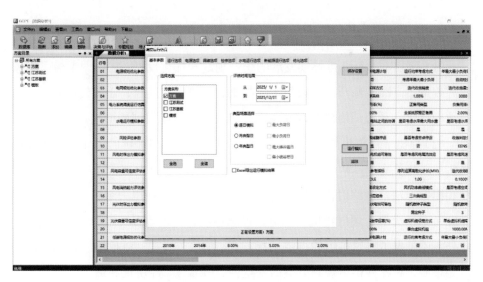

图 6-8 GOPT 用户界面（一）

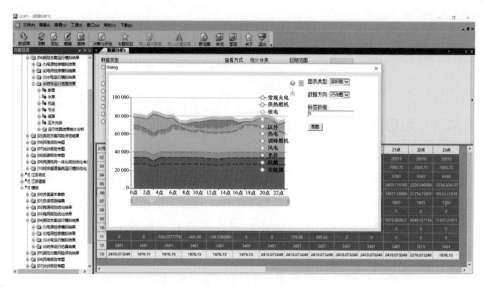

图 6-8　GOPT 用户界面（二）

6.4.2　GOPT 的主要理论创新和特点

GOPT 的主要理论创新和特点包括以下 5 点。

（1）建立电力行业可持续发展的统一规划和优化模型。它协调考虑了国家能源政策、一次能源开采能力与运输限制、环境保护问题、合理装机容量、电源结构优化、系统调峰问题以及电力投资决策对后续发展的影响。

（2）提出了可再生能源占比较高的电力系统规划与评价的总体方案和核心思想；开发了基于日常运行模拟的决策方法；建立了电力市场环境下的节能调度和模拟方法，能够对传统发电进行更全面的模拟。在电力系统运行模拟中，详细考虑了火电、燃气轮机、水电、抽水蓄能、风电等多种电源的运行方式。此外，还考虑了特殊机组的指定运行方式，如区外供电。以机组组合和经济调度为核心，对各种供电规划方案的安全性、可靠性、经济性和适用性进行了多维评价。GOPT 为电力规划和决策提供了科学有力的支持。

（3）在 GOPT 中，建立了闭环电力规划决策与评价体系，并且将统一规划优化模块和考虑可再生能源发电的规划方案评价模块相结合，这进一步提高了电力规划决策的科学支持和有效性。

（4）GOPT中提出并采用了一种针对高可再生能源占比的模拟方法。以风电为例，建立了大规模风电随机运行特性的数学模型，并采用随机模拟方法对其随机运行模式进行了模拟分析。同时，将大型风电场随机运行模型纳入日常运行评价框架。目前，在市场的机组组合和经济调度中考虑了风电的可调出力。此外，还可以在运行模拟中评价系统消纳风电的能力。GOPT还可以进行光伏发电和光热发电的输出模拟。

（5）基于序列运算理论的可靠性分析模块能够准确、快速地处理大型电力系统中的大量复杂概率问题。

GOPT电力系统规划主要包括两个阶段：规划决策过程和方案评价。GOPT的统一规划优化模块根据预设的边界条件和所需的可靠性水平提供最佳的发电和输电网规划方案。规划决策过程完成后，用户对规划决策过程的输出结果是否可以采用进行初步评估。如果不能采用，用户可以修改电力系统规划的边界条件，解决电力系统规划问题，也可以直接手动修改方案。电力系统时序发电模拟平台框架如图6-9所示。

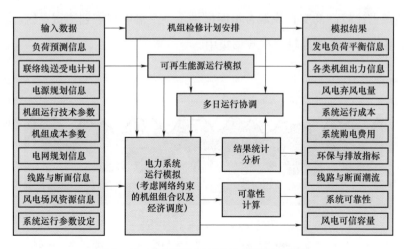

图6-9 电力系统时序发电模拟平台框架

规划决策过程运行后，可以通过运行模拟来评价所得出的规划方案。考虑可再生能源发电的电力规划决策评价模块可以用于运行模拟计算。通过一系列的评价指标，用户可以根据评价结果进一步判断当前的规划决策是否可以采纳。如果不能采纳，用户可以再次修改边界条件，然后重复电力规划决策过程，或者手动修改电力规划决策过程，直到获得满足所有指标的规划决策。通常，用户对一系列规划方案进行评价，然后进行并行比较，最终选出最佳规划方案。

6.4.3　基于 GOPT 进行的案例研究和学术研究

除了在工业工程中的实际应用之外，GOPT 还广泛用于多种学术研究，例如：① 利用 GOPT 的时序发电模拟平台来规划江苏省（中国）电力系统的抽水蓄能容量；② 评价光热发电对可再生能源占比较高的电力系统的经济效益。图 6-10 展示了甘肃电力系统光热发电在一周内的 GOPT 每日运行模拟结果。相关文献评价了电热锅炉和抽水蓄能电站对于内蒙古西部电力系统消纳大比例风力发电的效益。全年弃风限电量可以通过逐日运行模拟来计算，如图 6-11 所示。相关文献评价了江西电力系统在雷电灾害下的系统风险。相关文献为可再生能源占比较高的交直流混合电网提供了一个输电网规划测试系统。相应的 GOPT 格式输入文件也包含在数据集中。

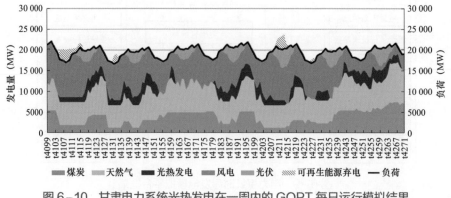

图 6-10　甘肃电力系统光热发电在一周内的 GOPT 每日运行模拟结果

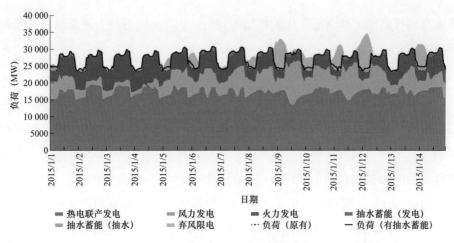

图 6-11 内蒙古西部电力系统在一周内的每日运行模拟结果

6.5 TAZAN 与 pandapower

6.5.1 TAZAN 背景与介绍

电网规划的任务是确保长期可靠且经济的电网条件。从被动、基于负荷的配电网络到主动运行的智能电网的模式转变对电网的安全运行和高效规划提出了许多新的挑战。例如，储能或电动汽车导致负荷和供电的时间偏移，这可能使得在未来有必要基于时间序列，而不是目前中压电网普遍采用的最坏情况进行考虑。如今，德国是可再生能源在电力系统中占比高的国家之一。由于电动汽车和 EEG（可再生能源法案）系统扩容的高不确定性，还必须考虑许多可能的未来场景，以确定最鲁棒的目标电网设计。与典型电网设计相比，这些挑战导致所需的计算量显著增加。为了应对这些挑战，非常有必要实施高度自动化的中压电网规划流程。

考虑到主动配电网的复杂性，从基于人工的配电网规划到自动化程度更高的规划流程的过渡可以分为两步：一方面，必须提高传统规划流程的自动化程度，即过去需要手动执行的步骤必须能够自动完成。另一方面，必须对规划流程本身进行调整，以满足变化的框架条件——例如，通过整合概率场景或量测时间序列。

在德国，有一些高效的软件工具可以帮助进行电网规划。商业电网分析工具，如 DIgSILENT PowerFactory、PSS Sincal 或 NEPLAN 允许在图形用户界面对电网进行进行合理的建模和分析。但是，不同电网运营商采用的目标电网规划方法大相径庭，这导致了没有任何用于电网规划的标准软件。为此，开源软件已经成为自动化和创新应用常见的一种选择。

为此，相关文献介绍了用于半自动化目标的中压电网规划软件（TAZAN）。TAZAN 基于开源工具 "Pandapower"。Pandapower 可以对电网进行建模、分析和优化，所有与中压电网相关的电网元件（如变压器、线路或开关设备）都可以通过它详细建模。TAZAN 可以在对中压电网的数据处理、分析和自动化设计方面为电网规划人员提供支持。该软件允许根据当地条件单独定义规划问题，然后使用启发式过程自动计算。

此处所述的 TAZAN 工具完全基于开源软件（采用可自由访问的 Python 编程语言）。使用的最重要程序库包括：① 用于电网建模和潮流计算的 pandapower；② 用于拓扑分析的 NetworkX；③ 用于处理地理数据的 Shapely；④ 用于电网可视化的 Matplotlib；⑤ 用于开发交互性图形用户界面的 PyQt。

TAZAN 软件使用完全免费的 Python 模块，也显示出现代操作系统在商用工具方面的竞争力。

6.5.2　利用 TAZAN 进行目标电网规划

本节描述了使用 TAZAN 进行目标电网规划的流程。首先说明了如何读取必要的数据以及如何分析实际电网。然后通过选择规划措施解释了规划问题的定义。随后说明了如何基于该信息自动创建满足规划假设的目标电网。最后解释了如何处理目标电网规划的结果以及如何将规划结果按不同格式导出。

（1）数据输入和不确定性建模。为电网规划人员提供支持的第一步是自动整合和准备电网规划所需的数据。电网规划人员按照图形用户界面提示导入数据，并获得必要信息和反馈。TAZAN 自动从 PowerFactory、NEPLAN 或 Sincal 等程序中读取电网数据，并将其转化为 pandapower 格式。

为了应对未来的不确定性，必须考虑规划周期内所有相关的发展趋势。对规划周期内的负荷发展趋势和可再生能源装机进行预测。由于目前本地变电站没有全面的量测数据，规划通常假设基于最坏的情形。这些最坏情况假设可以从各种数据源获得，如历史量测数据。

除负荷和供电数据，场景的定义还包括对电网元件的控制。可以使用各种用于 EEG 系统的无功控制方法 $[\cos\varphi、\cos\varphi(P)、Q(U)]$ 以及各种变电站电压控制方法（恒压控制、宽范围控制以及潮流控制）。

为了帮助定义电网结构优化框架内解构措施，还可以读入设备的工作年限或状况信息。根据数据情况，场景信息可以由规划人员手动定义或自动导入。

（2）当前电网分析。通过数据汇总、整理，可以提供不同形式的电网可视化，从不同规划情况下电网参数的统计到馈线可视化再到电网的地理分辨可视化（见图 6-12）。可视化结果是可交互式的，可以显示包括各个电网元件附加信息窗口的全局或详细视图。它们一方面可以用于检查输入数据的真伪，另一方面可以为用户提供显示各种电网属性的便捷视图。

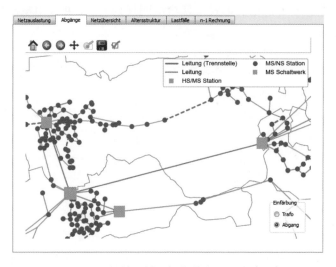

图 6-12　接地区域和切换状态可视化（一）

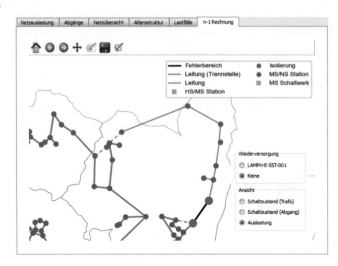

图 6-12　应急案例和重新供电可能性分析（二）

（3）规划问题的定义。规划过程中可以考虑采取各种措施来规划可靠、经济的目标电网。TAZAN 考虑线路拆除、更换、新建以及重新定位分离点作为可能的规划措施。

根据电网运营商的电网状况预测结果和规划原则，TAZAN 可自动确定适合解决目标电网中问题并满足规划原则的规划措施（见图 6-13）。自动确定的规划措施也能够以可视化的形式呈现给电网规划人员，并可由电网规划人员进行调整。

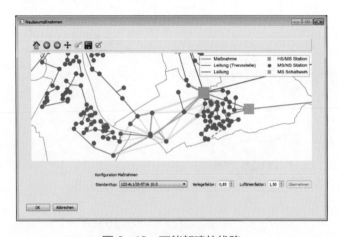

图 6-13　可能新建的线路

（4）电网优化。电网优化的目的是采取预定的措施来建立一种能够在最大程度上提高规划周期内的经济效益，并确保电网能够在预测场景下可靠运行的电网结构。电网可靠运行的框架条件由电网运营商在规划假设中规定。各种边界条件的具体限值、参数和特性可以在 TAZAN 中自由设置，以映射不同电网运营商的规划假设。不同类型的边界条件同样可以区分，下文对最常见的边界条件进行了简要说明。

网络拓扑描述了电网的结构。中压电网通常建设为简单或分支环网结构，以便在发生故障时可以快速恢复对每个变电站的供电。但在有些情况下，也可以采用辐射状连接，例如在一些变电站数量有限的地方。这同时也取决于电网的额定容量大小。电网结构的具体规格可根据电网运营商的规划假设在 TAZAN 中单独定义。然后对结构优化（包括退役和新建措施）进行审查，以确定指定的电网结构是否可行。

按照预定的措施生成电网优化的解空间。对每种已定义的措施类型，包括退役、更换、新建或转换，都指定了实施过程中将产生的成本。为了能够对不同的资源进行比较，将投资成本、使用寿命和运营成本都转换成等年值成本。优化的目的是制定出能够以尽可能低的成本满足规划导则上所有技术边界条件的一系列措施。以这种方式制定的目标电网解代表着由当前电网向未来电网转换的一系列规划措施（见图 6-14）。

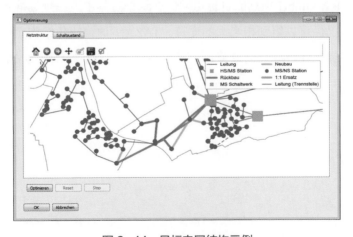

图 6-14　目标电网结构示例

TAZAN 使用启发式流程来求解组合优化问题，以尽可能接近好的解。其中的一个主要挑战是在一个解空间内同时优化线路结构、开关状态和运行参数，而解空间随措施的数量增加将呈指数式增长。对这一问题的详细说明和求解该问题的启发式流程参见相关文献。

（5）导出结果。在电网优化之后，可以将已制定的规划措施导出，以便在之后的流程中进一步应用。以不同的版本和格式将结果导出，可以是已制定的规划措施的简单列表，也可以包括更详细的数据记录。如果希望在下一步的程序中应用规划措施，TAZAN 可以将这些措施转换成适当的格式，或者直接通过相关程序的现有界面进行转换。例如，如果电网数据已从 PowerFactory 中导出以在 TAZAN 中应用，而后在电网优化后又可在 PowerFactory 中使用。

6.5.3　总结与展望

本节介绍了一个可实现半自动化电网规划的新工具——TAZAN。TAZAN 的核心是规划流程的自动化，这对于中压电网已经很普遍。以这种方式实现的自动化也将使得在未来，有可能通过考虑用于创建鲁棒型电网规划的概率预测场景或其他数据源，如测量时间序列或故障统计，进一步改进规划流程。在 Netze BW GmbH，所述工具已经处于原型应用阶段，允许规划人员自动创建对应于 Netze BW GmbH 规划的目标电网。在这个过程中，在规划准备和规划结果整理方面已经可以得到相当大的支持。TAZAN 的模块化结构允许对流程、数据库和边界条件进行灵活调整，因此也可以在调整后用于其他电网运营商。

第 7 章

主要障碍和未来前景

根据工作组成员的反馈，在实际进行输电网规划时如何应用不确定性优化技术成为了影响输电网规划流程的大部分步骤的障碍。一般来说，数据获取、建模标准、计算负担和一些实际问题是四大障碍。由于电网开发的成熟度不同，实际情况不同，各国面临的障碍也不同。

可靠的数据源是准确表征不确定性的基础，而缺乏数据可能妨碍公司迈出在不确定性背景下进行最优规划的第一步。如第 3 章所述，所有三种不确定性建模方法都需要大量的历史数据。特别是对于概率模型和多场景，需要从历史数据中提取所考虑场景的概率分布和概率。不确定性集是一个可以简单估计的随机变量区间，但由于数据不足，规划结果的准确性可能会受到影响。因此，获得可靠的输入数据对监管机构来说非常重要。然而，数据并非总是可用的，特别是在发展中国家。发展数据采集与管理技术和确定合理的模拟模型是解决数据不足问题的两种方法。

一旦有足够的数据可用，建模就是下一个问题。一方面，困难来自不确定性建模技术的局限性：尽管如前所述有许多相关的研究，但其中大多数研究仅在实验模拟中被证明是有效的，很少能顺利地应用于工业环境中。缺乏标准随机方法是另一个主要障碍。另外，历史数据的不确定性模型只能代表过去的不确定性分布。在进行输电网规划时，我们需要确定未来规划时可再生能源和负荷增长的不确定性。为解决这一问题，应采用先进的概率预测技术，不仅要考虑统计模型，还要考虑不确定性的物理模型。另一方面，由于缺乏随机电网规范和标准准则，不确定性输电网规划模型的输入条件和其他参数并不明确。例如，在中国，用于输电网规划的"电网规范"基于确定性框架。没有解决不确定性的标准准则，例如，应考虑多少不确定性？在进行输电网规划时，应如何选择和考虑风电和光伏发电场景？在进行输电网规划时考虑不确定性的第一步将是改进电网规范中的不确定性准则。

能够反映现实的精确不确定性优化模型可能很难甚至无法求解。必须在模型的精确度和计算难度之间做出取舍。对于多场景，一个实际模型总是需要大量场景，这会造成巨大的计算负担。机会约束变换和鲁棒模型中的非凸子问题也给求解带来了困难。计算复杂度和时间负担影响了不确定性输电网规划模型的应用。对于此类复杂的规划任务，建议未来开发集成工具，以便简单、稳健地进行随机优化。

除了上述技术障碍外，在进行不确定性建模时，还可能会出现各种制度和社会认知问题。目前大多数国家都依据确定性准则管理输电网规划，由于只有确定性准则才被监管机构接受，因此这可以被认为是主要的制度障碍。公众和监管机构可能会担心输电网规划中数据和随机方法的可信度。新模型缺乏可信度（或担心新模型变得复杂），使得在规划过程中很难应用替代方法——新概念通常会遇到更多阻力。电力系统工程师不了解更先进的统计概念是另一个问题。

结　　论

C1.39 工作组的主要发现总结如下。

（1）输电网规划中最常考虑的两个不确定性因素是负荷增长和可再生能源——几乎所有成员所在国都考虑到了这两个因素。在输电网规划中，可再生能源被认为是最主要的短期不确定性因素。电动汽车、储能和可中断负荷等电力系统新要素是"应考虑但尚未考虑"的不确定性因素。

（2）常用于不确定性建模的方法包括概率模型、基于多场景的模型和不确定集/区间。

（3）大多数成员所在国目前在输电网规划中或多或少采用基于场景的方法，因为这是考虑不确定性的最简单方法。很多国家会将基于场景的方法与其他方法相结合，但没有国家只使用基于风险的方法或鲁棒/区间方法。

（4）从短期来看，基于场景的方法可能是最好的，但一旦克服了数据和方法可信度等障碍，基于风险的方法可能成为首选方法。相当多的成员所在国认为基于场景/鲁棒/风险的组合方法是最合适的方法。

（5）本报告介绍了 6 个案例研究和 5 个应用规划工具。

将不确定性优化技术实际应用于输电网规划面临的障碍几乎存在于每个环节。在今后的工作中，我们应该：① 建立可靠的历史数据集来描述不确定性。② 开发改进算法和提高计算效率。③ 提高公众对随机准则的接受度，并将随机准则纳入电力系统规划的电网规范。

致　　谢

在此感谢工作组成员提供的支持和做出的贡献，感谢他们付出的努力和奉献的专业知识。一共返回了 24 份调查问卷，涵盖全球主要的电力系统类型。第 5 章和第 6 章由成员编写，具体编写者如下：

（1）第 5.1 节"EirGrid 公司采用的场景规划方法"由 Brendan Kelly（爱尔兰）编写。

（2）第 5.2 节"考虑各种场景的巴西电力系统十年计划"由 Carlos Lopes（巴西）编写。

（3）第 5.3 节"伊朗应用的场景聚合技术"由 Pouria Maghouli（伊朗）编写。

（4）第 5.4 节"基于运行模拟的中国青海省电力系统典型运行模式选择"由卓振宇（中国）编写。

（5）第 5.5 节"得州电力可靠性委员会考虑不确定性的输电网规划"由 Gaikwad Anish（美国）编写。

（6）第 5.6 节"可再生能源不确定性对泰国输电网规划的影响"由 Somphop Asadamongkol（泰国）编写。

（7）第 5.7 节"法国的大西洋海岸研究"和第 6.1 节"Antares 和分区方法"由 Laurent Severine（法国）编写。

（8）第 6.2 节"电网可靠性和充裕度风险评估软件（GRARE）"由 Livio Giorgi（意大利）编写。

（9）第 6.3 节"多区域可靠性模拟（MARS）和多区域发电模拟（MAPS）"由 Wajiha Shoaib（加拿大）编写。

（10）第 6.4 节"电力规划决策支持系统"由来自 CIGRE 中国国家委员会电力系统发展及其经济性（C1）专委会的王智冬（Zhidong Wang）（中国）编写。

（11）第 6.5 节"TAZAN 与 PANDAPOWER"由 Florian Schäfer（德国）编写。

技术报告的其余部分由康重庆（中国）和张宁（中国）编写；所有工作组成员要么进行了广泛的修订，要么提出了建议和意见。我们在此还要特别感谢 CIGRE 研究委员会 C1 领导和官员 Konstantin Staschus、Peter Roddy 和 Antonio Iliceto 提供的帮助。感谢 Ronald Marais 代表 CIGRE C1 战略咨询小组（SAG）从系统规划角度提供的支持。感谢 Keith Bell 以不同方式对工作组提供的帮助。特别感谢中国国家重点研发计划（编号 2016YFB0900100）的支持。

附 录 A 调 查 问 卷 模 板

问题		回复	备注
1. 各国电力系统规划的背景			
1.1 哪个组织负责贵国/州的输电网规划？			
1.2 哪个组织投资贵国/州的输电资产？			
1.3 贵国/州的电力行业结构如何？			
1.4 贵国/州多久进行一次输电网规划？			
1.5 贵国/州的年负荷（需求）增长率是多少？（例如从 2020 年到 2030 年）			
1.6 贵国/州的输电网规划期为多长时间？			
1.7 到 2017 年底，贵国/州的可再生能源并网容量是多少？	光伏发电		
	风电		
	光热发电		
	其他（请具体说明）		
1.8 全国范围内可再生能源占比❶是多少（如果贵国有多个平衡区域，那么单个平衡区域的最高占比是多少？）			
1.9 到 2030 年，贵国/州的可再生能源占比将达到多少？	光伏发电		
	风电		
	其他		
2. 了解电力系统规划中的不确定性			
2.1 贵国/州输电网规划中存在哪些不确定性因素，它们如何影响输电网规划？	负荷增长		
	可再生能源		
	电动汽车、储能、可中断负荷等电力系统新要素		
	投资成本		

续表

问题		回复	备注
2.1 贵国/州输电网规划中存在哪些不确定性因素，它们如何影响输电网规划？	电力市场/监管		
	政策		
	环境因素		
	输电技术		
	电源结构		
	其他		
2.2 贵国/州的输电网规划已经考虑了哪些不确定性因素？是如何考虑的？	负荷增长		
	可再生能源		
	电动汽车、储能、可中断负荷等电力系统新要素		
	投资成本		
	电力市场/监管		
	政策		
	环境因素		
	输电技术		
	电源结构		
	其他		
2.3 贵国/州进行输电网规划的主要长期不确定性是什么？			
2.4 贵国/州进行输电网规划的主要短期不确定性是什么？			
2.5 您认为，在贵国/州的输电网规划中，是否有不确定性因素需要进一步考虑/研究？应该如何考虑？	负荷增长		
	可再生能源		
	电动汽车、储能、可中断负荷等电力系统新要素		
	投资成本		
	电力市场/监管		

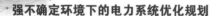

续表

问题		回复	备注
2.5 您认为，在贵国/州的输电网规划中，是否有不确定性因素需要进一步考虑/研究？应该如何考虑？	政策		
	环境因素		
	输电技术		
	电源结构		
	其他		

3. 解决电力系统规划中不确定性的方法 ❷

问题		回复	备注
3.1 贵国/州长期负荷需求的不确定性是如何建模的（在输电网规划背景下）？通常考虑多少不确定性？			
3.2 贵国/州可再生能源的长期不确定性是如何建模的（在输电网规划背景下）？			
3.3 贵国/州可再生能源的短期不确定性是如何建模的（在输电网规划背景下）？			
3.4 在贵国/州内可再生能源占比较高的地区，是否有任何专项规划研究报告？			
3.5 贵国/州可再生能源占比较高的地区与占比较低的地区采用的输电网规划方法是否有区别？如果有的话，有什么区别？			
3.6 在贵国/州的现行电力系统规划程序中,使用了哪些技术/模型？它们是如何使用的？是否有任何佐证的参考资料/文件？	基于场景的方法		
	鲁棒/区间方法		
	基于风险的方法		
	其他		
	无		
3.7 在贵国/州的现行电力系统规划程序中,是否有任何决策准则来解决电力系统规划中超出确定性准则考虑范围的不确定性 ❸？			
3.8 您认为，应该如何对不确定性因素（长期和短期）建模？电力系统规划应针对不确定性（长期和短期）采用哪些技术/方法/模型？			
3.9 您认为,在进行输电网规划时采用随机方法/准则面临的主要障碍是什么？			

续表

问题		回复	备注
4. 最佳实践和经验教训			
4.1 有没有成功案例证明电力系统规划解决了贵国/州的高度不确定性？有没有任何详细的参考资料或链接？			
4.2 在日益增长的不确定性环境下进行电力系统规划时获得了什么经验教训吗？			
4.3 在进行电力系统规划时，您是否使用过能够解决不确定性的软件？			

❶ 可再生能源占比是指可再生能源发电量占总负荷的比例。

❷ 如果不同的电力公司有自己的输电网规划准则，您可以从公司的角度回答本部分的问题，但是请明确说明此答案仅反映了您公司的实际情况。

❸ "解决不确定性的决策准则"是指随机或概率准则，例如输电线路的过载概率。

附 录 B 调 查 回 复 统 计

下表给出了每个选项所占的百分比。主观题的答案见相应章节。

问题 \ 选项	垂直一体化的公用事业公司	输电系统运营商	独立系统运营商	输电网所有者
1.1 哪个组织负责贵国/州输电网规划的决策流程？	20.83%	54.17%	25.00%	0.00%
1.2 哪个组织投资贵国/州的输电资产？	25.00%	45.83%	0.00%	29.17%
1.3 贵国/州的电力行业结构如何？	25.00%	41.67%	29.17%	4.17%

问题 \ 选项	每年	每2~3年	每5年	超过5年	其他
1.4 贵国/州多久进行一次输电网规划？	65.22%	13.04%	8.70%	8.70%	4.35%

问题 \ 选项	小于1%	1%~3%	3%~5%	5%~10%	超过10%	其他
1.5 贵国/州的年负荷（需求）增长率是多少？	37.50%	33.33%	16.67%	4.17%	4.17%	4.17%

问题 \ 选项	1~3年	3~5年	5~10年	10~20年	其他
1.6 贵国/州的输电网规划期为多长时间？	0.00%	8.33%	37.50%	45.83%	8.33%

1.7 到 2017 年底,贵国/州的可再生能源 (风电/光伏发电)容量是多少?	光伏发电	详情请参见第 2.3 节
	风电	
	光热发电	
	其他（请具体说明）	
1.8 全国范围内可再生能源占比❶是多少（如果贵国有多个平衡区域,那么单个平衡区域的最高占比是多少?）		
1.9 到 2030 年,贵国/州的可再生能源占比将达到多少?	光伏发电	
	风电	
	其他	

用数字表示的类别如下（详见第 3.2.2 节）。

1—负荷增长；2—可再生能源；3—电力系统新要素；4—投资成本；5—电力市场/监管；6—政策；7—环境因素；8—输电技术；9—电源结构；10—其他。

问题	选项	是	否
2.1 贵国/州输电网规划中存在哪些不确定性因素,它们如何影响输电网规划?	1	86.96%	13.04%
	2	95.65%	4.35%
	3	73.91%	26.09%
	4	65.22%	34.78%
	5	68.18%	31.82%
	6	81.82%	18.18%
	7	72.73%	27.27%
	8	56.52%	43.48%
	9	50.00%	4.55%
	10	47.83%	52.17%

续表

问题	选项	是	否
2.2 贵国/州的输电网规划已经考虑了哪些不确定性因素？是如何考虑的？	1	95.45%	4.55%
	2	86.36%	13.64%
	3	45.45%	54.55%
	4	59.09%	40.91%
	5	45.45%	54.55%
	6	50.00%	50.00%
	7	59.09%	40.91%
	8	40.91%	59.09%
	9	63.64%	36.36%
	10	13.04%	86.96%

问题 \ 选项	1	2	3	4	5	6	7	8	9	10
2.3 贵国/州进行输电网规划的主要长期不确定性是什么？	13.6%	31.8%	13.6%	9.1%	0%	0%	0%	0%	18.2%	13.6%
2.4 贵国/州进行输电网规划的主要短期不确定性是什么？	4.5%	36.4%	9.1%	9.1%	0%	0%	4.5%	4.5%	18.2%	13.6%

问题	选项	是，应该考虑	已经考虑得很周全	已经考虑，但还可以考虑得更周全	不需要考虑	其他
2.5 您认为，在贵国/州的输电网规划中，哪些不确定性因素应该考虑但尚未（很好地）考虑？应该如何考虑这些因素？	1	9.52%	42.86%	47.62%	0.00%	0.00%
	2	14.29%	28.57%	57.14%	0.00%	0.00%
	3	57.14%	9.52%	23.81%	9.52%	0.00%
	4	4.76%	38.10%	33.33%	19.05%	4.76%
	5	14.29%	42.86%	19.05%	23.81%	0.00%

续表

问题 选项	是，应该考虑	已经考虑得很周全	已经考虑，但还可以考虑得更周全	不需要考虑	其他
2.5 您认为，在贵国/州的输电网规划中，哪些不确定性因素应该考虑但尚未（很好地）考虑？应该如何考虑这些因素？ — 6	19.05%	38.10%	28.57%	14.29%	0.00%
7	23.81%	33.33%	28.57%	14.29%	0.00%
8	33.33%	19.05%	28.57%	19.05%	0.00%
9	9.52%	23.81%	61.90%	4.76%	0.00%

问题 选项	确定值	多场景	区间法	其他
3.1 在贵国/州进行输电网规划时，如何为长期负荷需求的不确定性建模？考虑多少不确定性？	9.52%	42.86%	47.62%	0.00%
3.2 在贵国/州进行输电网规划时，如何为可再生能源的长期不确定性建模？	14.29%	28.57%	57.14%	0.00%
3.3 在贵国/州进行输电网规划时，如何为可再生能源的短期不确定性建模？	57.14%	9.52%	23.81%	9.52%

问题 选项		是	否
3.4 在贵国/州内可再生能源占比较高的地区，是否有任何专项规划研究报告？		72.73%	27.27%
3.5 贵国/州可再生能源占比较高的地区与其他地区采用的输电网规划方法是否有很大区别？有什么区别？		30.43%	69.57%
3.6 在贵国/州的现行电力系统规划程序中，使用了哪些技术/模型？它们是如何使用的？是否有任何参考资料/文件？	基于场景的方法	86.96%	13.04%
	鲁棒/区间方法	30.43%	69.57%
	基于风险的方法	39.13%	60.87%
	无	12.50%	87.50%
3.7 在贵国/州的现行电力系统规划程序中，是否有任何决策准则来解决电力系统规划中超出确定性准则考虑范围的不确定性❷？		52.17%	47.83%

问题 选项	基于场景的方法	鲁棒/区间方法	基于风险的方法	其他
3.8 您认为,应该如何对不确定性因素(长期和短期)建模?电力系统规划应针对不确定性(长期和短期)采用哪些技术/方法/模型?	50.00%	9.09%	31.82%	9.09%

问题	
3.9 您认为,在进行输电网规划时采用随机方法/准则面临的主要障碍是什么?	详情请参见第 7 章

问题	
4.1 有没有成功案例证明电力系统规划解决了贵国/州的高度不确定性?有没有任何详细的参考资料或链接?	详情请参见第 6 章
4.2 在日益增长的不确定性环境下进行电力系统规划时获得了什么经验教训吗?	
4.3 在进行电力系统规划时,您是否使用过能够解决不确定性的软件?	

❶ 可再生能源占比是指可再生能源发电量占总负荷的比例。
❷ "解决不确定性的决策准则"是指随机或概率准则,例如输电线路的过载概率。

124

参 考 文 献

［1］ IRENA, "Renewable Energy Statistics 2018," The International Renewable Energy Agency, Abu Dhabi 2018.

［2］ H. Shaker, H. Zareipour and D. Wood, "Impacts of large-scale wind and solar power integration on California's net electrical load," *RENEWABLE & SUSTAINABLE ENERGY REVIEWS,* vol. 58, pp. 761 – 774, 2016.

［3］ P. Maghouli, S. H. Hosseini, M. O. Buygi, and M. Shahidehpour, "A scenario-based multi-objective model for multi-stage transmission expansion planning," *IEEE Transactions on Power Systems,* vol. 26, pp. 470 – 478, 2011.

［4］ EPRI, "Transmission Planning Under Open Access: Final Report," Electric Power Research Institute, California, USA 2002.

［5］ V. Krishnan, T. Das, E. Ibanez, C. A. Lopez, and J. D. McCalley, "Modeling operational effects of wind generation within national long-term infrastructure planning software," *IEEE Transactions on Power Systems,* vol. 28, pp. 1308 – 1317, 2013.

［6］ S. Jin, A. Botterud and S. M. Ryan, "Temporal versus stochastic granularity in thermal generation capacity planning with wind power," *IEEE transactions on power systems,* vol. 29, pp. 2033 – 2041, 2014.

［7］ X. Lu, M. B. McElroy, C. P. Nielsen, X. Chen, and J. Huang, "Optimal integration of offshore wind power for a steadier, environmentally friendlier, supply of electricity in China," *Energy Policy,* vol. 62, pp. 131 – 138, 2013.

［8］ M. A. Ortega-Vazquez and D. S. Kirschen, "Estimating the spinning reserve requirements in systems with significant wind power generation penetration," *IEEE Transactions on Power Systems,* vol. 24, pp. 114 – 124, 2009.

［9］ B. Venkatesh, P. Yu, H. B. Gooi, and D. Choling, "Fuzzy MILP unit commitment incorporating wind generators," *IEEE Transactions on Power Systems,* vol. 23, pp. 1738 – 1746, 2008.

[10] X. Ma, Y. Sun and H. Fang, "Scenario generation of wind power based on statistical uncertainty and variability," *IEEE Transactions on Sustainable Energy,* vol. 4, pp. 894 – 904, 2013.

[11] J. M. Morales, R. Minguez and A. J. Conejo, "A methodology to generate statistically dependent wind speed scenarios," *Applied Energy,* vol. 87, pp. 843 – 855, 2010.

[12] N. Zhang, C. Kang, Q. Xia, and J. Liang, "Modeling conditional forecast error for wind power in generation scheduling," *IEEE Transactions on Power Systems,* vol. 29, pp. 1316 – 1324, 2014.

[13] P. Pinson and R. Girard, "Evaluating the quality of scenarios of short-term wind power generation," *Applied Energy,* vol. 96, pp. 12 – 20, 2012.

[14] R. A. Jabr, "Robust transmission network expansion planning with uncertain renewable generation and loads," *IEEE Transactions on Power Systems,* vol. 28, pp. 4558 – 4567, 2013.

[15] Q. P. Zheng, J. Wang and A. L. Liu, "Stochastic optimization for unit commitment—A review," *IEEE Transactions on Power Systems,* vol. 30, pp. 1913 – 1924, 2015.

[16] Z. Zhuo, E. Du, N. Zhang, C. Kang, Q. Xia, and Z. Wang, "Incorporating Massive Scenarios in Transmission Expansion Planning With High Renewable Energy Penetration," *IEEE Transactions on Power Systems,* vol. 35, pp. 1061 – 1074, 2020.

[17] R. T. Rockafellar and R. J. Wets, "Scenarios and policy aggregation in optimization under uncertainty," *Mathematics of operations research,* vol. 16, pp. 119 – 147, 1991.

[18] H. Park, R. Baldick and D. P. Morton, "A stochastic transmission planning model with dependent load and wind forecasts," *IEEE Transactions on Power Systems,* vol. 30, pp. 3003 – 3011, 2015.

[19] P. Falugi, I. Konstantelos and G. Strbac, "Planning With Multiple Transmission and Storage Investment Options Under Uncertainty: A Nested Decomposition Approach," *IEEE Transactions on Power Systems,* vol. 33, pp. 3559 – 3572, 2018.

[20] A. J. Conejo, Y. Cheng, N. Zhang, and C. Kang, "Long-term coordination of transmission

and storage to integrate wind power," *CSEE Journal of Power and Energy Systems,* vol. 3, pp. 36 – 43, 2017.

［21］ P. Maghouli, S. H. Hosseini, M. O. Buygi, and M. Shahidehpour, "A scenario-based multi-objective model for multi-stage transmission expansion planning," *IEEE Transactions on Power Systems,* vol. 26, pp. 470 – 478, 2010.

［22］ J. H. Zhao, Z. Y. Dong, P. Lindsay, and K. P. Wong, "Flexible transmission expansion planning with uncertainties in an electricity market," *IEEE Transactions on Power Systems,* vol. 24, pp. 479 – 488, 2009.

［23］ S. A. N. De La Torre, A. J. Conejo and J. Contreras, "Transmission expansion planning in electricity markets," *IEEE transactions on power systems,* vol. 23, pp. 238 – 248, 2008.

［24］ J. Qiu, Z. Y. Dong, J. Zhao, Y. Xu, F. Luo, and J. Yang, "A risk-based approach to multi-stage probabilistic transmission network planning," *IEEE Transactions on Power Systems,* vol. 31, pp. 4867 – 4876, 2016.

［25］ H. Yu, C. Y. Chung, K. P. Wong, and J. H. Zhang, "A chance constrained transmission network expansion planning method with consideration of load and wind farm uncertainties," *IEEE Transactions on Power Systems,* vol. 24, pp. 1568 – 1576, 2009.

［26］ A. Baharvandi, J. Aghaei, T. Niknam, M. Shafie-Khah, R. Godina, and J. P. Catalao, "Bundled generation and transmission planning under demand and wind generation uncertainty based on a combination of robust and stochastic optimization," *IEEE Transactions on Sustainable Energy,* vol. 9, pp. 1477 – 1486, 2018.

［27］ G. A. Orfanos, P. S. Georgilakis and N. D. Hatziargyriou, "Transmission expansion planning of systems with increasing wind power integration," *IEEE Transactions on Power Systems,* vol. 28, pp. 1355 – 1362, 2013.

［28］ S. N. Jahromi, A. Askarzadeh and A. Abdollahi, "Modelling probabilistic transmission expansion planning in the presence of plug-in electric vehicles uncertainty by multi-state Markov model," *IET Generation, Transmission \& Distribution,* vol. 11, pp. 1716 – 1725, 2017.

［29］ A. J. Conejo, M. Carri O N, J. M. Morales, and Others, *Decision making under uncertainty in electricity markets* vol. 1: Springer, 2010.

［30］ J. Qiu, H. Yang, Z. Y. Dong, J. Zhao, F. Luo, M. Lai, and K. P. Wong, "A probabilistic transmission planning framework for reducing network vulnerability to extreme events," *IEEE Transactions on Power Systems,* vol. 31, pp. 3829 – 3839, 2015.

［31］ Y. Wang, Q. Xia and C. Kang, "Unit commitment with volatile node injections by using interval optimization," *IEEE Transactions on Power Systems,* vol. 26, pp. 1705 – 1713, 2011.

［32］ S. Dehghan, N. Amjady and A. J. Conejo, "Adaptive robust transmission expansion planning using linear decision rules," *IEEE Transactions on Power Systems,* vol. 32, pp. 4024 – 4034, 2017.

［33］ A. Moreira, G. Strbac, R. Moreno, A. Street, and I. Konstantelos, "A five-level milp model for flexible transmission network planning under uncertainty: A min-max regret approach," *IEEE Transactions on Power Systems,* vol. 33, pp. 486 – 501, 2018.

［34］ B. Chen, J. Wang, L. Wang, Y. He, and Z. Wang, "Robust optimization for transmission expansion planning: Minimax cost vs. minimax regret," *IEEE Transactions on Power Systems,* vol. 29, pp. 3069 – 3077, 2014.

［35］ R. M I Nguez and R. Garc I A-Bertrand, "Dynamic Robust Transmission Expansion Planning,": Institute of Electrical and Electronics Engineers, 2016.

［36］ R. A. Jabr, "Robust transmission network expansion planning with uncertain renewable generation and loads," *IEEE Transactions on Power Systems,* vol. 28, pp. 4558 – 4567, 2013.

［37］ EirGrid, "Tomorrow's Energy Scenarios, and EirGrid's Six Step Grid Development Process," 2017, http://www.eirgridgroup. com/__uuid/7d658280-91a2-4dbb-b438-ef005a8 57761/EirGrid-Have-Your-Say_May-2017.pdf.

［38］ F. S. Reis, P. M. Carvalho and L. A. Ferreira, "Reinforcement scheduling convergence in power systems transmission planning," *IEEE Transactions on power systems,* vol. 20, pp. 1151 – 1157, 2005.

［39］ Y. Nishikawa, T. Tezuka, H. Kita, and S. Nakano, "Optimal electric power-plant planning

128

under uncertainty of demand by means of the scenario aggregation algorithm," *Electrical engineering in Japan,* vol. 113, pp. 85 – 94, 1993.

[40] K. A. Brekke, R. Golombek, M. Kaut, S. Kittelsen, and S. Wallace, "The impact of uncertainty on the European energy market: The scenario aggregation method," CREE working paper 4 2013.

[41] Q. Hou, E. Du, N. Zhang, and C. Kang, "Impact of High Renewable Penetration on the Power System Operation Mode: A Data-Driven Approach," *IEEE Transactions on Power Systems,* vol. 35, pp. 731 – 741, 2020.

[42] ERCOT, "2018 ERCOT System Planning: Long-Term Hourly Peak Demand and Energy Forecast," 2018, http://www.ercot.com/content/wcm/lists/143010/2018_Long-Term_Hourly_ Peak_Demand_and_Energy_Forecast_Final.pdf.

[43] ERCOT, "Reports and Presentations of Electric Reliability Council of Texas," 2018, http://www.ercot.com/news/presentations.

[44] ERCOT, "2016 Long-Term System Assessment for the ERCOT Region," 2016, http:// www.ercot.com/content/wcm/lists/89476/2016_Long_Term_System_Assessment_for_the_ ERCOT_Region.pdf.

[45] RTE, "RTE's last Bilan Prévisionnel," 2014, https://www.rte-france.com/fr/article/ bilan-previsionnel.

[46] M. Doquet, C. Fourment, J. Roudergues, and R. de Transport D'Électricité, "Generation \& transmission adequacy of large interconnected power systems: A contribution to the renewal of Monte-Carlo approaches Generation Adequacy Report on the Electricity Supply-demand Balance in France,": IEEE}, 2011, pp. 1 – 6.

[47] M. Doquet, R. Gonzalez, S. Lepy, E. Momot, and F. Verrier, "A new tool for adequacy reporting of electric systems: ANTARES," *CIGRE 2008 session, paper C1 – 305, Paris,* 2008.

[48] M. Doquet, "Zonal reduction of large power systems: Assessment of an optimal grid model accounting for loop flows," *IEEE Transactions on Power Systems,* vol. 30, pp. 503 – 512, 2014.

[49] RTE, "Generation Adequacy Report on the Electricity Supply-demand Balance in France," 2014, http://www.rte-france.com/sites/default/files/2014_generation_adequacy_report.pdf.

[50] N. Zhang, C. Kang, D. S. Kirschen, Q. Xia, W. Xi, J. Huang, and Q. Zhang, "Planning pumped storage capacity for wind power integration," *IEEE Transactions on Sustainable Energy*, vol. 4, pp. 393 – 401, 2012.

[51] E. Du, N. Zhang, B. Hodge, C. Kang, B. Kroposki, and Q. Xia, "Economic justification of concentrating solar power in high renewable energy penetrated power systems," *Applied energy*, vol. 222, pp. 649 – 661, 2018.

[52] N. Zhang, X. Lu, M. B. McElroy, C. P. Nielsen, X. Chen, Y. Deng, and C. Kang, "Reducing curtailment of wind electricity in China by employing electric boilers for heat and pumped hydro for energy storage," *Applied Energy*, vol. 184, pp. 987 – 994, 2016.

[53] N. Zhang, C. Kang, J. Liu, J. Xin, J. Wan, J. Hu, and W. Wei, "Mid-short-term risk assessment of power systems considering impact of external environment," *Journal of Modern Power Systems and Clean Energy*, vol. 1, pp. 118 – 126, 2013.

[54] Zhuo Z, Du E, Zhang N, et al. Incorporating Massive Scenarios in Transmission Expansion Planning With High Renewable Energy Penetration[J]. IEEE Transactions on Power Systems. 2020, 35(2): 1061-1074.

[55] DIgSILENT, "PowerFactory," 2015, http://www.digsilent.com.

[56] Siemens, "PSS Sincal," 2015, http://w3.siemens.com/smartgrid/global/en/products-systems-solutions/software-solutions/planning-data-management-software/planning-simulation/pss-sincal/pages/pss-sincal.aspx.

[57] NEPLANAG, "NEPLAN," 2019, http://www.neplan.ch/.

[58] A. Scheidler, L. Thurner and M. Braun, "Heuristic optimisation for automated distribution system planning in network integration studies," *IET Renewable Power Generation*, vol. 12, pp. 530 – 538, 2018.

[59] L. Thurner, A. Scheidler, F. Sch A Fer, J. Menke, J. Dollichon, F. Meier, S. Meinecke, and M. Braun, "Pandapower—An open-source python tool for convenient modeling, analysis,

and optimization of electric power systems," *IEEE Transactions on Power Systems,* vol. 33, pp. 6510 – 6521, 2018.

［60］ L. Thurner, *Structural Optimizations in Strategic Medium Voltage Power System Planning* vol. 4: kassel university press GmbH, 2018.